Sammlung Göschen

Fischerei und Fischzucht

von

Dr. Karl Eckstein

Königl. Professor an der Forstakademie Eberswalde
Abteilungsdirigent bei der Hauptstation des forstlichen Versuchswesens
Vorstandsmitglied des Fischerei-Vereins für die Provinz Brandenburg

Leipzig
G. J. Göschen'sche Verlagshandlung
1902

Druck von Carl Rembold, Heilbronn a. N.

Inhaltsübersicht.

	Seite
Literatur	5
Einleitung	7
Die Bewohner des Wassers	
I. Abschnitt. **Das Wasser**	10
1. Physikalische, chemische Eigenschaften des Wassers und der Gewässer	10
2. Fließende Gewässer, stehende Gewässer . . .	13
3. Gewässerkunde	18
Der Kampf ums Wasser	
Die Fischerei und ihre Bedeutung	
II. Abschnitt. **Fischerei**	21
1. Im Allgemeinen	21
a) Definition und Einteilung der Fischerei	
b) Gegenstand der Fischerei	
c) Die in Deutschland heimischen Fische	
d) Regionen in Fluß und See	
e) Bedeutung der Fische	
f) Nahrung der Fische	
2. Zweck und Methode der Fischerei	29
a) Gewerbe, Sport, Erträge	
b) Industrie und Handel	
c) Produkte der Fischerei: Fleisch, Caviar, Fischhautchagrin, Fischguano, Thran, Perlen, Fischleim, Hausenblase	
d) Fangmethode, Instrumente	
e) Fischzüge, Historisches	

Seite

3. Gefahren und Abwehr 52
   a) Gefahren
   b) Feinde und Krankheiten
   c) Fischsterben, Teichaufstand
   d) Fischereirecht, Fischereischutz
   e) Abwässerbeseitigung
   f) Wasserstraßen

III. Abschnitt. **Fischzucht** 73

1. Im Allgemeinen 73
   a) Geschichtliches, Cypriniden, Salmoniden
   b) Fischzucht in Teichen, Teichanlagen
   c) Biologische Eigenschaften der Teiche
   d) Produktivität der Teiche und Bonitierung derselben

2. Karpfenwirtschaft 91
   a) Karpfen, Beschreibung, Lebensweise, Rassen, Altersbestimmung
   b) Karpfenzucht Teichwirtschaft
   c) Hecht, Zander, Schlei, Aal

3. Salmonidenzucht 120
   a) Forelle, Beschreibung, Lebensweise, Vorkommen, Fortpflanzung
   b) Forellenzucht, Bruthaus
   c) Regenbogenforelle

4. Aquarienfische 136
   a) Aquarien
   b) Fremdländische, einheimische Aquarienfische

IV. Register 142

Literatur.

1. Allgemeine Fischerei-Zeitung. 27 Jahrgänge. München.
2. Apstein, C. Das Süßwasserplankton. Leipzig 1896.
3. Borgmann, H. Die Fischerei im Walde. Berlin 1892.
4. Correspondenzblatt für Fichzüchter. 9 Jahrgänge. Bautzen.
5. v. d. Borne. Handbuch der Fischzucht und Fischerei. Berlin 1886.
6. — Teichwirtschaft. Berlin 1894. Thaerbibliothek.
7. — Süßwasserfischerei. Berlin 1894. Desgl.
8. — Künstliche Fischzucht. Berlin 1895. Desgl.
9. Bruch, W. Das biologische Verfahren zur Reinigung von Abwässern. Berlin 1899.
10. Bungartz. Aquarienfische und ihre Pflege. Leipzig 1899.
11. Deutsche Angler-Zeitung. Drei Jahrgänge. Berlin.
12. Dießner. Die künstliche Zucht der Forelle. Neudamm 1902.
13. Dosch, L. Die Fischwasser und die Fische des Großh. Hessen. Gießen 1899.
14. Dudzius, R. Die Schnellkonservierung der Fischkonserven. Stettin.
15. Dunker, W. Lehrbuch der Fischbereitung. Stettin 1897.
16. Dürigen, B. Fremdländische Zierfische. Magdeburg 1897.
17. Fischereizeitung. 5 Jahrgänge. Neudamm.
18. Junge, F. Der Dorfteich als Lebensgemeinschaft. Kiel. 1901.
19. Knauthe, K. Die Karpfenzucht. Neudamm 1901.

20. Kreuz. Fischteiche in der Landwirtschaft. Münster i. W. Selbstverlag.

21. Lampert, C. Das Leben der Binnengewässer. Leipzig 1899.

22. Meyer. Handbuch des Fischereisport. Leipzig 1881.

23. Mitteilungen des Fischereivereins für die Provinz Brandenburg. Gratisabgabe bei der Geschäftsstelle, Berlin, Tiergartenstraße 3 a.

24. Nicklas, C. Lehrbuch der Teichwirtschaft. Stettin 1898.

25. Nitsche, H. Die Süßwasserfische Deutschlands. 1899.

26. Vogel, P. Ausführliches Lehrbuch der Teichwirtschaft. Bautzen 1898.

27. — Ergänzungsband dazu, ebenda 1900.

28. Walter, E. Die Brutschädlinge der Fische. Neudamm 1899.

29. Weigelt, C. Unsere natürlichen Fischgewässer, wie sie sein sollten und wie sie geworden sind. Berlin 1900.

30. — Vorschriften für die Entnahme und Untersuchung von Abwässern und Fischgewässern. Berlin 1900.

31. Zacharias, O. Forschungsberichte aus der biologischen Station zu Plön. Seit 1893.

32. Zeitschrift für Fischerei. Berlin 1902.

Einleitung.

Die Bewohner des Wassers.

Schon in grauer Vorzeit wußte sich der Mensch in den Besitz gewisser das Wasser bewohnender Tiere zu setzen, deren Körper ihm für besondere Zwecke passende Stoffe lieferte: Schmackhaftes Fleisch, Fett, Haut und spitzige Knochen.

Von der Meeresbrandung vereinzelt ans Gestade geworfene Riesentiere des Ozeans wurden seine Beute, die von der Flut herangetragenen, zur Ebbezeit zurückgebliebenen Muscheln, Krebse, Schnecken, kleinere und größere Fische konnte er sammeln und fangen; sie sind auch jetzt noch vielen strandbewohnenden Völkern ein willkommenes Geschenk des Ozeans, während andere mit mehr oder minder seetüchtigen Fischerbooten, ausgerüstet mit Angeln und Netzen hinausfahren, jene Tiere zu fangen, falls sich nicht Gelegenheit bietet, sich ihrer vom Ufer aus zu bemächtigen.

In erster Linie denkt man dabei unwillkürlich an Fische, welche erbeutet werden, und tatsächlich bilden sie im allgemeinen auch die Hauptmasse der Tiere, welche das Wasser aus seinem unerschöpflichen Reichtum sich abnehmen läßt. Daneben aber sind stellenweise auch andere Tiere der Gegenstand eines umfangreichen Fischereibetriebes.

Um sich von der Menge der Wasserbewohner ein Bild zu machen, genügen Zahlen nicht, weil nur wenige Menschen mit Millionen rechnen können, und wir anderen uns von der tatsächlichen Bedeutung einer Ziffer mit mehreren angehängten Nullen doch nur ein imaginäres Bild machen können.

Versuchen wir daher, uns eine solch große Zahl auf Umwegen klar zu machen. Die Tiere teilt man in neun Tierkreise ein, von welchen Wirbeltiere und Gliedertiere die im allgemeinen besser gekannten sein dürften, Mollusken und Würmer einem großen Teil der Menschheit bis auf wenige Arten unbekannt bleiben, während die übrigen Kreise, nämlich Manteltiere, Molluskenähnliche, Stachelhäuter, Hohl- und Urtiere, sich nur einer oberflächlichen Bekanntschaft des Laien erfreuen. Unter diesen aber sind die letztgenannten Protozoen oder Urtiere mit wenigen einzelnen Ausnahmen, ferner alle Cölenteraten oder Hohltiere, sämtliche Echinodermen oder Stachelhäuter, Molluscoidea oder Molluskenähnliche und Tunicata oder Manteltiere, ebenso die größere Hälfte der Würmer (Vermes), Schnecken und Muscheln (Weichtiere, Mollusca) Wasserbewohner, welchen sich unter den Gliedertieren (Arthropoda) die weitaus meisten Krebse, viele Milben, Insekten oder ihre Larven anreihen. Unter den Wirbeltieren endlich sind es die Jugendstadien der Amphibien, gewisse Reptilien (Schildkröten, Schlangen), die Fischsäugetiere (Wale) und Delphine, welche das Wasser bevölkern, während gewisse Vögel, wenn sie nicht über dem Wasser schweben, auf demselben schwimmen, in demselben tauchen oder auf ihm ruhen und schlafen (Sturmvogel, Möwe) und sich nur zum Brutgeschäft ans Land begeben. Dazu noch alle Fische. Gegen Ende des verflossenen Jahrhunderts kannte man etwa 270 000 recente Tierspecies, nämlich

Wirbeltiere	24 700 Arten,	darunter Fische	9 000 Arten
		und sonstige wasserbewohnende Wirbeltiere	2 200 „
Manteltiere	300 Arten,	darunter Wasserbew.	300 „
Weichtiere	21 320 „	„ „	15 240 „
Weichtierähnliche	820 „	„ „	820 „
Gliedertiere	209 400 „	„ „	6 525 „
Würmer	5 500 „	„ „	3 400 „
Stachelhäuter	2 370 „	„ „	2 370 „
Hohltiere	3 545 „	„ „	3 545 „
Urtiere	4 130 „	„ „	4 000 „

Zusammen üb. 270 000 Tierspecies, darunter über 47 000 Wasserbewohner.

Der Individuenreichtum ist natürlich den Verhältnissen entsprechend außerordentlich wechselnd.

Viele Fische leben einzeln und vereinzelt, andere stets oder wie viele Wanderfische nur zur Wanderzeit in Scharen, oft in dichtgedrängten Massen, wie der junge stromaufziehende Aal.

Von der Zahl der das Wasser bewohnende Mückenlarven können wir uns eine kleine Vorstellung machen, wenn wir im Sommer plötzlich das Wasser einer Regentonne erschüttern und nun die Zahl der von der Oberfläche abwärts flüchtenden eigentümlich schlagend sich fortbewegenden Larven zu schätzen suchen.

Wer möchte die im Schlamm versteckten Muscheln, wer die zahlreichen, an den Uferpflanzen sitzenden, gedeckelten und ungedeckelten Gehäuseschnecken zählen, wer die festgewachsenen Dreissena, die Miesmuscheln, Austern und ihre freischwimmende Brut? Wer gar könnte die Zahl der fast mikroskopisch kleinen Lebewesen erfassen, die das Plankton bilden? Dieses, die Gesamtheit der im Wasser treibenden Lebewesen bildend, besteht aus winzigen Krebsen, Würmern, Urtieren, aber auch aus großen, oft durch herrliche Farbe, durch sonderbare Gestalt und Bewegung in die Augen fallenden Quallen und Polypen. In gewissen Süßwassern, zumal Teichen, hat man die Menge des Planktons quantitativ auf 5—150 ccm in jedem Kubikmeter Wasser berechnet. Nehmen wir an, daß nur 100 solcher Lebewesen den Raum eines Kubikmillimeters einnehmen, dann würden in 1 cbm Wasser 1000.100.150, d. h. 15 Millionen mikroskopisch kleiner Individuen leben.

Neben einer an Arten so überaus mannigfachen und an Individuen meist außerordentlich reichen Fauna wird das Wasser von einer ebenso vielgliederigen und vielgestaltigen Flora erfüllt.

Unter den Pflanzen spielen, ganz abgesehen von den Phanerogamen, ein- und mehrzellige Grünalgen, sowie Kieselalgen oder Diatomeen und nicht minder die Blaualgen eine sehr bedeutende Rolle.

I. Abschnitt.

Das Wasser.

1. Chemische und physikalische Eigenschaften des Wassers und der Gewässer.

Jedes Gewässer zeigt hinsichtlich seiner Fauna und Flora gewisse Eigentümlichkeiten, welche leicht auf seine physikalischen und chemischen Eigenschaften zurückzuführen sind.

Unter diesen erscheint als wichtigste die Fähigkeit, Salze zu lösen. Solche fehlen dem als Regen oder Schnee, Nebel oder Tau niederfallenden Wasser; Kalksalze finden sich in fast allen Quellwassern; kochsalzhaltiges Wasser bildet — wenn man von den Solquellen absieht — die Meere und Ozeane; süßes Wasser erfüllt die Binnenmeere, Seen und Teiche, sowie die ihnen zueilenden Ströme und Flüsse, welche aus kleineren Wasserläufen entstehen, und aus den kleinsten derselben stetigen oder zeitweisen Zufluß erhalten.

Eine Mischung süßen und salzigen Wassers ist das Brackwasser, wie es an den Mündungen der Flüsse in das Meer entsteht, zumal dann, wenn der Fluß sich vor seiner eigentlichen Mündung seeartig erweitert, und durch vorgelagerte Landzungen (Nehrung) Becken (Haffe) bildet, die nur durch enge Wasserarme mit dem Meere in Verbindung stehen. Bei bedeutender Zufuhr von süßem Wasser können selbst große Meerbusen der Versüßung unterliegen, wie die nördlichen Teile der Ostsee, welche nur 0,7% Salze gelöst enthalten.

Süßes Wasser, ebenso das Meerwasser, ist nicht überall und zu jeder Zeit von derselben Beschaffenheit.

Wenig schwankend sind die natürlichen chemischen Verhältnisse eines und desselben Gewässers.

Mit mehr oder minder großer Regelmäßigkeit stellen sich physikalische Wechsel ein.

Sie hängen ab von der herrschenden Temperatur, dem Wind und dem Luftdruck, der Jahreszeit und der physikalischen Beschaffenheit der Umgebung des Gewässers.

Der Charakter eines Gewässers wird im allgemeinen wesentlich mit bestimmt durch die Beschaffenheit der Bodenart, über welcher das Wasser steht oder darüber hinströmt, ferner durch die Neigung der Ufer, deren größere oder geringere Erhebung und ihre Flora.

Hier sind die Ufer steil, dort flach, hier geradlinig verlaufend, da tief eingeschnitten, entweder sandig, kahl, oder Acker und Wiesen tragend, häufig bewaldet.

Wer kennt nicht die Unterschiede eines Gebirgs- und eines Flachlandsees, eines Feld- und eines Waldteiches? Weniger bemerkbar werden dem Laien jene auf die Bodenbeschaffenheit zurückzuführenden Eigentümlichkeiten. —

Die intensive Wirkung der sommerlichen Sonnenwärme gibt dem stehenden oder langsam strömenden Wasser in seinen oberflächlichen Schichten eine höhere Temperatur als in der Tiefe, die ziemlich allgemein eine solche von 4° C. besitzt. Im Winter dagegen, wenn die Oberfläche unter Umständen sogar eine mächtige Eisschicht trägt, steigt die Temperatur mit zunehmender Tiefe, und zwar wieder bis 4° C. Diese Temperatur wird sich in dem ganzen Wasserbecken gleichmäßig zeigen im Frühjahr und Herbst, jedesmal nur kurze Zeit, weil dann an der Oberfläche alsbald wieder ein stärkerer Wärmeempfang im Frühling oder eine größere Wärmeabgabe im Herbst stattfindet.

Die im Sommer wechselnde Erwärmung des Wassers bei Tag und Nacht bedingt leichte Strömungen der Wasserteilchen, die auf- und abwärts gehend nur bis zu einer gewissen Tiefe reichen und unterhalb der dadurch erzeugten, etwas höher temperierten Oberflächenschicht eine andere Zone mit niederer Temperatur scharf erkennen lassen.

Im strömenden Fluß und Bach ist die Temperatur eine gleichmäßige.

Wie mit zunehmender Tiefe des Wassers die Temperatur desselben eine andere wird, so ändert sich auch der Helligkeitsgrad und der Druck. Ersterer nimmt ab, letzterer zu, und zwar bekanntlich für je 10 m um einen Atmosphärendruck. Die Durchlichtung des Wassers, d. h. die Tiefe, bis zu welcher die Lichtstrahlen wirksam eindringen, hängt von vielen Faktoren ab: von der Jahreszeit, denn sie ist im Winter bei verringertem Plankton am größten, von der Örtlichkeit, denn sie ist verschieden an der einen und anderen Stelle desselben Sees, und von den zeitweiligen Beimengungen des Wassers; das klare, helle Wasser des Gebirgsbachs verwandelt sich nach jedem Gewitterregen in eine trübe, dicke, schmutzige Brühe. Wasserblüte in ihrer unendlichen Menge macht das Wasser der Havel zu gewissen Zeiten selbst in nicht sehr dicken Schichten fast völlig undurchsichtig.

2. Fließende und stehende Gewässer.

Den fließenden Binnengewässern, welche als Graben, Fließ, Bach, Fluß und Strom ihrer Größe und Wassermenge nach unterschieden werden, sind auch die künstlichen Wasserstraßen, die Kanäle, zuzurechnen, die sich in der Regel auf mehr oder minder lange Strecken einem Wasserlauf anschließen, bis sie mit Hilfe von Schleusen die Wasserscheide überwindend, in ein anderes Flußtal eintreten.

Man unterscheidet bei jedem Strom und Fluß Ober-, Mittel- und Unterlauf.

Der Oberlauf ist ausgezeichnet durch ein schmales

Flußbett, das oft tief eingeschnitten ist, durch starkes Gefälle, häufig auch durch Wasserfälle.

Kleine Bäche im Gebirge gleichen auf ihrer ganzen Länge dem Oberlauf eines Flusses.

In den Mittellauf tritt der Fluß ein, wenn die Berge von den Ufern zurücktreten; der Fluß fließt hier weniger schnell; in dem angeschwemmten Boden hat er sich ein neues Bett mit vielen Windungen gerissen; in ihm treten Sandbänke und Inseln auf; der Mittellauf des Flusses ist es, in welchem durch die Stromregulierung das Flußbett gerade gelegt und dabei wesentlich verkürzt wird.

Im Unterlauf zeigt das Flußbett ebenfalls Windungen; der Spiegel des Flusses liegt weit von der Mündung nur wenig höher als diese. Oft treten Teilungen, Gabelungen, Deltabildungen auf.

Alle einem Strome zufließenden Flüsse und Bäche mit ihren Nebenwassern und Zuleitungen nennt man sein Stromgebiet; es wird durch die Wasserscheide von den benachbarten Flußgebieten begrenzt. Die Wassermenge eines Flusses ist abhängig von dem Umfang des Gebietes, welches in den Fluß entwässert, von dem Querschnitt des Flußbettes, von der Niederschlagsmenge im Flußgebiet, von der Verdunstung, die durch klimatische Verhältnisse bedingt ist, und von der Beschaffenheit des Bodens, über welchen der Fluß hinströmt.

Der Wasserstand wird an Pegeln gemessen, deren Nullpunkt beliebig gewählt wird.

Es gibt kein bewegungsloses Gewässer, auch der ruhigste Teich und See wird vom leisen Windzug bewegt, stärkerer Wind kräuselt die Wellen, der Sturm wirft große

Wassermassen ans Gestade. Man irrt jedoch in der Annahme, daß dabei die Tiefen des Wassers durcheinandergewühlt würden, denn nur bis zu geringer Tiefe ist diese Wirkung zu spüren. Dagegen finden in der gesamten Wassermasse, auf chemische und physikalische Gesetze zurückzuführende Strömungen statt, welche einen stetigen, aber ruhigen Ausgleich aller auftretenden Verschiedenheiten herbeiführen.

Die Geschwindigkeit des fließenden Wassers ist bei hohem Wasserstand größer als bei Niedrigwasser.

Zur Geschwindigkeitmessung dienen die Rheometer.

Schiffbare Flüsse haben eine zwischen 0,63 und 1,25 m schwankende Geschwindigkeit, rascher fließende eine solche bis zu 3 m. Die Geschwindigkeit ist abhängig von dem Grad des Gefälles.

An derselben Flußstrecke ist sie am größten in der Mitte, sie nimmt ab nach der Sohle und nach dem Ufer, wo die Reibung der beweglichen Wasserteile an dem festen Ufer eine starke Verzögerung, ja vielleicht Stillstand, und zugleich ein unausgesetztes Losreißen, Abbröckeln der Uferwände und das Mitführen der getrennten Teile bedingt. Auch der Boden eines fließenden Wassers ist in steter Wanderung stromabwärts begriffen; deutlich hört man das Knirschen der Kiesel am Grunde der rasch fließenden Isar. Was der träge in das Meer mündende Strom an festen Teilen von seinen Zuflüssen übernommen, setzt er vor der Mündung ab, der Versandung anheimfallend, welche die erste Ursache der Deltabildung wird.

Manche Flüsse sind stets, andere schon nach geringen Regengüssen sehr trübe. Die feinverteilte Bestandteile mitführenden Alpenflüsse klären sich erst, wenn sie einen See passiert haben.

Die Rhone führt klares blaues, der Rhein grünes Wasser; blaugrün erscheinen Iller, Lech und Isar, nachdem sie die oberbayerischen Seen durchströmten, die Salzach dagegen ist gelblich milchig gefärbt.

Die Menge der suspendierten Stoffe ist sehr wechselnd:

Die Elbe enthält an deutscher Grenze in 1 cbm Wasser an festen Substanzen

	suspendiert		gelöst	
Maximum	im Januar	367 g	im Oktober	130 g
Minimum	im Oktober	3 g	im Dezember	82 g
Mittel	im Jahr	91 g	im Jahr	103 g.

Sehr bedeutend ist die Wassermenge, welche ein Fluß im Laufe des Jahres dem Meere zuführt: In der Elbe strömen aus Böhmen jährlich 6180 Millionen Kubikmeter Wasser; sie entführt also im Jahre

547 000 000 kg suspendierte Stoffe,
623 000 000 kg gelöste Stoffe, zusammen
1 170 000 000 kg.

Die Durchlässigkeit des Bodens bedingt große mächtige, aber breite langsame Untergrundströme, deren Tiefe gleich ist der Mächtigkeit der wasserführenden Bodenschicht. Von ihnen hängt der Stand des Grundwassers und damit auch derjenige zahlreicher Seen, der Fenne, Moore und Brücher ab.

Die stehenden Gewässer sind See und Weiher, welchen man noch Sumpf und Fenn anreihen könnte. Künstliche stehende Gewässer sind Torflöcher, die durch

Ausgraben entstanden sind, und Teiche. Mit dem Begriff „See" verbindet man im allgemeinen die Vorstellung der Größe. Seine Flächenausdehnung ist auch in der Regel bedeutender als jene von Teichen, wenn es auch genug kleine Seen und manche recht große Teiche gibt.

Der See zeichnet sich häufig durch seine bedeutendere Tiefe aus.

Im übrigen kann man am See wie am Weiher stets gewisse Teile unterscheiden, die mehr oder minder scharf ausgeprägt sind. An den Strand oder das Ufer schließt sich der Hang an, welcher der mechanischen Gewalt der Wogen unterworfen, bei Hochwasser überschwemmt ist, bei niederem Wasserstand trocken liegt. Auf diesen Hang folgt ein oft breiter, ebenso oft aber auch schmaler Abschnitt, auf welchem das durch die Kraft der Wellen und Wogen am Ufer Abgespülte und Losgerissene sich niederschlägt. Der norddeutsche Fischer nennt dieses die Schar, welche mehr oder minder steil und plötzlich oder ganz langsam in den tieferen Kessel des Sees abfällt. Diese litorale Zone ist ausgezeichnet durch reiches Tier- und Pflanzenleben.

Diese Verhältnisse treten beim Teich nur dann auf, wenn er durch Eingriffe des Menschen aus einem See gebildet wurde, andernfalls zeigt der flache Teich mit seinen künstlichen Ufern und seiner ebenen, wenig geneigten Sohle nicht diese Gliederung.

Das wesentliche Unterscheidungsmerkmal zwischen Weiher und See einerseits und Teich andererseits besteht darin, daß erstere in ihrem Wasserstand unabhängig sind von der Willkür des Menschen, während der Teich mehr oder minder hoch angestaut und trocken gelegt werden kann.

Es wird später gezeigt werden, welche Bedeutung dies für die Bewirtschaftung des Wassers hat.

Die Seen sind dagegen entweder Wasseransammlungen in beckenartigen Vertiefungen des Bodens, die sich der Kreisgestalt nähern, oder sie sind Ausfüllungen der tieferen Teile eines Tales, meist von langer und schmaler Gestalt.

Es gibt Seen ohne jeglichen ständigen oberirdischen Zu- oder Abfluß. Mit dem Grundwasser stehen sie in kommunizierender Verbindung, wenn sie nicht ganz undurchlässigen Bodenschichten überall aufgelagert sind.

Biologisch sehr interessant sind die sogenannten Reliktenseen, d. h. Wasserbecken, deren Fauna auf eine ehemalige Verbindung mit benachbarten Meeren hinweist. Im Genfer See leben Muschelkrebse des Mittelmeeres, auch in manchen Seen Norddeutschlands hat man Tierformen gefunden, welche einer Reliktenfauna angehören.

3. Gewässerkunde.

Die Fortschritte der Kultur, die epochemachenden wissenschaftlichen Entdeckungen sind nicht ohne Einfluß auf die Erforschung des Wassers geblieben.

Bezüglich der größeren Seen, Ströme und Meere war schon seit Jahrhunderten das Interesse für die Schiffahrt Anregung genug, ihre Eigenschaften gründlicher kennen zu lernen. Auf kleineren Gewässern hatte sich dagegen eine gewisse Kenntnis der einschlägigen Verhältnisse bei den Fischern ausgebildet; sie war auf spätere Generationen vererbt worden, für die primitivere Art der Bewirtschaftung, wenn von einer solchen überhaupt gesprochen werden kann, nur von geringem Einfluß und oft auf ungenügender Beobachtung nicht verstandener Naturvorgänge aufgebaut.

Auch hier griff im Laufe der Zeit die Wissenschaft ein, sie setzte an Stelle der zufälligen Beobachtung die planmäßige Untersuchung der Gewässer. Zahlreiche Fachgelehrte, der Chemiker, Physiker, der Geologe, Botaniker und Zoologe teilen sich in das große Arbeitsgebiet.

Nicht zu verkennen ist auch der Einfluß, welchen die sportlichen Bestrebungen der Neuzeit auf die Erforschung der Gewässer gehabt haben.

Neben dem Ruder- und Schwimmsport ist es ganz besonders der Angelsport, der die biologischen Eigenschaften vieler Gewässer erforschen half, weil aus der Reihe der passionierten Angler oft genug die ersten Pioniere hervorgingen, welche ein bis dahin unerforschtes Gewässer als ein noch unberührtes Jagdgebiet aufsuchten.

Wir können daher jetzt mit Recht von einer besonderen Wissenschaft reden, der Gewässerkunde, welche sich alle anderen Naturwissenschaften dienstbar gemacht hat, und es sich zur Aufgabe stellt, alle bezüglich des Wassers in Betracht kommenden Naturkräfte zu erforschen.

Sie erfüllt damit nicht nur eine wissenschaftliche Aufgabe, sondern dient großen praktischen Zwecken. Denn bezüglich der „Wasserfrage“ stehen die Interessen des Menschen oft einander schroff gegenüber.

Die einen benutzen das Wasser als Straße für den Transport großer Lasten mit verhältnismäßig geringen Kosten.

Andere verwenden die treibende Kraft des Wassers zur Anlage von Wasserrädern und Turbinen, mit deren

Hilfe sie die gewonnene Energie alsbald verwerten oder in Form des elektrischen Starkstromes weiter führen.

Im Landwirtschafts- und Bergwerksbetrieb, sowie zur Abwendung von Hochwassergefahren werden Talsperren angelegt, welche ständig oder zeitweise Quell- oder Niederschlagswasser aufhalten und anstauen.

Großstädte und industrielle Anlagen entledigen sich in die Gewässer der entstehenden Abfallstoffe, deren Menge Art und Beschaffenheit von großem Einfluß auf die chemischen Eigenschaften des Wassers sind.

In denselben Wasserläufen aber will der Fischer mit Angeln und Netzen fischen, ihn stört der Schiffsverkehr; die wasserdurchwühlenden Schrauben der Dampfer wirken verderblich auf die Fische; die Abwässer vergiften dieselben, Turbinen zerschneiden die von der Strömung des Wassers mitgerissenen; Wehre und Dämme hindern sie am Wandern, und die Stromregulierung legt jede seichte Uferausbuchtung trocken, baut statt der natürlichen Ufer steile Buhnen, welche den Fischen die gewohnten Verstecke, Weidegründe oder Jagdreviere und Laichplätze wegnehmen. Diesen durch die Verhältnisse bedingten, allseitig anerkannten, aber schwer abzustellenden Mißständen suchen die Fischer durch geschlossenes Vorgehen entgegenzutreten.

Sie bilden Innungen und Verbände, welche die Interessen des einzelnen in allen wirtschaftlichen Fragen, beim Bezug von Jungfischen und Brut und vor allem durch gemeinsames Vorgehen, Vertretung des einzelnen, in Rechtsstreitigkeiten zu wahren suchen.

Sie schließen sich zusammen zu Vereinen, in welchen praktische Erfahrungen ausgetauscht, die Errungenschaften der wissenschaftlichen Untersuchung der Praxis dienstbar gemacht werden. Die Innungen und Vereine sind es auch, welche die Notlage der Fischer bei der zuständigen Behörde vortragen und erfolgreich verfechten, besser als es der einzelne vermag.

Zur Zeit erfreuen sich die Fischer einer hohen Gunst der Staatsregierungen, welche ihnen Unterstützung in vielfacher Art zu teil werden läßt, nicht nur durch eine wohlgemeinte, wenn auch dringend revisionsbedürftige Gesetzgebung, sondern auch durch Abschluß von Zoll- und Handelsverträgen, welche die gefährliche Konkurrenz des Auslandes fernhalten sollen, durch Vorzugstarife für den Versand lebender Fische auf der Bahn und vieles andere.

Freilich hat auch die Fischerei eine große Bedeutung für andere Industriezweige, welche die zu ihrem Betriebe nötigen Hilfsmittel liefert, wie später des näheren erörtert werden soll.

II. Abschnitt.

Fischerei.

1. Im Allgemeinen.

Unter Fischerei versteht man im allgemeinen das Fangen von Fischen. Da man jedoch nach ganz ähnlichen Methoden und mit mehr oder minder gleichen Fanggeräten auch andere Bewohner des Wassers erbeuten kann, spricht man auch von Perlenfischerei, Austernfischerei, Korallen- und Schwammfischerei, wendet daneben aber auch die richtigere Bezeichnung Fang an, wie Krebsfang, Walfischfang u. a. Auch im Sinne des Gesetzes wird das Erbeuten der genannten Wasserbewohner als Fischen angesehen.

Das Fangen von Fischen kann geschehen:

1. in den von der Natur gebildeten Wasserläufen und Wasseransammlungen, oder
2. in zu diesem Zwecke eigens angelegten Wasserbecken, den Teichen.

Man hat schon vor längerer Zeit beide Zweige der Fischerei mit Beiworten belegt und die erstere als die wilde oder natürliche, die letztere als die zahme oder künstliche bezeichnet. Dabei ist jedoch zu bedenken, daß einerseits die Fischerei stets nur mit mehr oder minder großen technischen Hilfsmitteln, mit Kunstgriffen auszuführen, also eine künstliche ist, und daß andererseits auch die Fischerei in Flüssen und Strömen von ihrer Wildheit, sollte besser heißen Regellosigkeit, bereits viel verloren hat, seit eine planmäßige Bewirtschaftung der Flüsse angebahnt ist, wie man sie für die Teiche und für die meisten Seen längst durchgeführt hat.

Auch auf die Fische selbst sind die Worte wild und zahm bezogen worden, indem man unter zahmen Fischen von uns gezüchtete Fische versteht, unter wilden dagegen solche, die ohne menschliche Eingriffe zur Welt gekommen und herangewachsen sind.

Abgesehen davon zerfällt die Fischerei in Süßwasserfischerei und Seefischerei, welch letztere Küsten- oder Hochseefischerei ist. Diese Einteilung gründet sich auf die Verschiedenheit

1. der befischten Gewässer, hier künstliche oder natürliche Wasserläufe, große und kleine Seen, sowie Teiche, dort die Binnenmeere und die See, d. h. das Weltmeer;

2. der erbeuteten Fische, welche in beiden Gewässergruppen sehr verschieden sind nach Art und Zahl;
3. der Methode der Fischerei und die Art der zur Verwendung kommenden Fanggeräte. —

Den vorher geschilderten verschiedenen Verhältnissen des süßen Wassers entsprechend wird seine Fauna und Flora je nach der Örtlichkeit eine verschiedenartige sein müssen.

Beschränken wir uns in dieser Betrachtung auf die Fische, so werden wir finden, daß es unter diesen solche gibt, die nur in fließenden, andere, die nur in stehenden Gewässern vorkommen, während viele auch weniger wählerisch sind und sich in allen Gewässern finden, wie der Hecht.

Aus uns unbekannten Ursachen, aber im Zusammenhang mit der geographischen Lage finden wir, daß manche Flußgebiete von gewissen Fischen vollständig gemieden werden; so fehlt der Aal, welcher in allen Zuflüssen des Mittelmeeres und des Atlantischen Ozeans vorkommt, im Flußgebiet des Kaspischen und Schwarzen Meeres; neuerdings freilich ist er in die deutschen Nebenflüsse der Donau in großen Mengen ausgesetzt worden.

Es gibt in Deutschland 67 Fischarten, die sich ungleichmäßig der allgemeinen systematischen Anordnung einreihen und mit ihren deutschen Namen nachfolgend verzeichnet sind:

Tierklasse: Fische, Pisces.

I. Ordnung: Knochenfische, Teleostei

1. Stachelflosser, Acanthopteri:
Zingel, Streber, Barsch, Zander, Wolgazander, Kaulbarsch, Schräzer, Kaulkopf, Stichlinge;

2. Kehlweichflosser, Anacanthini:
Quappe, Flunder;

3. Bauchweichflosser, Physostomi:

a) Weißfische: Karpfen, Karausche, Schleihe, Barbe, Semling, Gründling, Steingreßling, Ellritze, Strömer, Döbel, Weißfisch, Aland, Rotfeder, Plötze, Nerfling, Perlfisch, Nase, Lau, Moderlieschen, Bitterling, Rapfen, Mairenke, Alandblecke, Ukelei, Zährte, Blei, Zope, Zobel, Güster, Ziege, Schlammpeitzger, Schmerle, Dorngrundel;

b) Lachse: Kleine Maräne, Große Maräne, Blaufelchen, Kilch, Schnäpel, Äsche, Stint, Huchen, Saibling, Lachs, Meerforelle, Seeforelle, Bachforelle;

c) Wels;

d) Hecht;

e) Maifisch;

f) Aal.

II. Ordnung: Schmelzschupper, Ganoidei:
Stör, Sterlet.

III. Ordnung: Rundmäuler, Cyclostomi:
Meerneunauge, Flußneunauge, Bachneunauge.

Die Fische eines Flußgebietes lieben ihren Lebensgewohnheiten entsprechend verschiedenartigste Aufenthaltsorte, oder mit anderen Worten: den verschiedenen Gewässern mit ihren oft grundverschiedenen Eigenschaften haben sich die Fische in ihren Lebensgewohnheiten angepaßt; die einen gedeihen im klaren, raschen Gebirgsbach, die anderen finden i·· schlammigen Strom die ihnen zusagenden Verhältnisse. Man unterscheidet nach v. d. Borne vier Regionen der fließenden Gewässer:

1. Die Region der Bachforelle; sie umfaßt Bäche und kleine Flüsse mit starker Strömung, felsigem und steinigem Grunde. Neben Forelle kommen vor: Ellritze, Kaulkopf, Schmerle. Auch die Fische der Äschen- und zum Teil der Barbenregion finden sich öfter in der Region der Bachforelle, denn selbstverständlich sind die Regionen nicht scharf getrennt; häufig gehen sie sehr langsam ineinander über, so daß die Charakterfische zweier Regionen zugleich sich finden.

2. Die Region der Äsche; man rechnet ihr zu: Größere Bäche und Flüsse mit starker Strömung, steinigem und kiesigem Grunde, meist den unteren Teil der Forellenregion und den oberen Teil der Barbenregion mit einschließend. Sie enthält in ihrem oberen Teil die besten Lachslaichstellen.

3. Die Region der Barbe; sie wird gebildet durch größere Flüsse und Ströme mit schnellfließendem Wasser auf kiesigem Grunde. Neben der Barbe kommen Kaulbarsch, Gründling, Barsch, Karpfen, Zander, Quappe vor.

4. Die Region des Blei; ihr werden zugezählt langsam fließende Flüsse auf weichem Grunde. Die kleinen trägen Wasserläufe mit schlammigem Untergrund, in welche der Blei nicht hineingeht, sind durch Plötze, Barsch und Hecht charakterisiert. In der Bleiregion kommen außerdem vor: Güster, Karpfen, Wels, Aland, Rotauge, Bitterling, Zander, Schlei, Karausche u. a. m.

Auch die Seen werden ihrer natürlichen Beschaffenheit nach von der einen oder anderen Fischart vorzugsweise bewohnt, doch ist es nicht möglich, dieselben in

Regionen zusammenzufassen oder in einem See Regionen zu unterscheiden, wie dies bei Fluß- und Bachläufen geschieht.

Vielmehr werden die Seen als Bleigewässer bezeichnet, wenn sie nicht tiefes Wasser mit weichem Grunde besitzen,

als Stintgewässer, wenn sie Flachlandseen sind mit klarem Wasser und vielleicht steinigem Grund,

als Maränengewässer, wenn sie bedeutendere Tiefe besitzen.

Auch die Bewohner des Meeres sind nicht gleichmäßig über weite Ozeanstrecken verbreitet, sondern halten sich je nach ihren Lebenseigentümlichkeiten in größerer oder geringerer Tiefe, am Grunde oder der Oberfläche, auf Stellen mit weichem, schlammigem Niederschlag oder an steinig felsigen Orten auf.

Selbstverständlich haben tropische Ozeane eine andere Fischfauna als die Polarmeere, welche beide sich wiederum in vielen Beziehungen von der Meeresfauna gemäßigter Klimate unterscheiden.

Sehr interessant ist die Tatsache, daß gewisse Meeresfische auch im süßen Wasser und Süßwasserfische auch in salziger Flut wenigstens eine Zeit lang leben können.

Plötze, Stichling und andere häufige Fische des Süßwassers, findet sich in gewissen Teilen der Ostsee in großer Menge, die Bachforelle geht so weit in das Meer, als vor Flußmündungen der Einfluß des süßen Wassers in jenem bemerkbar ist. Die Flunder, welche an allen europäischen Küsten des Atlantischen Ozeans und des Eismeeres, auch in der Nord- und Ostsee, vorkommt, ist nicht nur im Brackwasser und in den Flußmündungen häufig, sondern steigt in den Flüssen noch weiter aufwärts; sie soll im Rhein bis zur Mainmündung, in der Elbe bis Magdeburg nachgewiesen sein.

Wohl zu unterscheiden von diesen Fischen sind die eigentlichen Wanderfische, welche als echte Bewohner des Meeres in die Flüsse aufsteigen, um dort zu laichen, wie Maifisch und Lachs, oder als Bewohner süßer Gewässer ins Meer hinabwandern und dort geschlechtsreif werden, wie der Aal.

Die junge Brut der ersteren wandert bald ins Meer, jene der letzteren verlebt ihre erste Lebenszeit im süßen Wasser.

Die Bedeutung der Fische ist abhängig von ihrer Häufigkeit und ihrer Lebensweise.

Die große Häufigkeit eines Fisches gibt Veranlassung, ihm in umfangreichem Maße nachzustellen. Zeichnet sich ein häufig oder allgemein vorkommender Fisch durch schmackhaftes Fleisch und wenige Gräten aus, dann ist er viel begehrt und gibt oft den Bewohnern ganzer Gegenden Gelegenheit, seinen Fang zu einem lohnenden Gewerbe zu machen; besonders ist dies der Fall an großen Binnenmeeren und dem Ozean. Auf den kleineren Binnenseen wie in manchen Flußgebieten sind es nur einzelne Familien, in welchen sich das Fischereigewerbe durch viele Generationen vererbt hat. Die häufigen Fische der Binnengewässer, Plötze, Blei, Schlei, Barsch und andere werden in reichen Mengen gefangen, nie aber sind sie Gegenstand des Massenfanges, wie gewisse Meeresbewohner, unter denen nur an den Hering, den Thunfisch und die vom Meere aufsteigende Aalbrut erinnert sei.

Die allzugroße Häufigkeit eines Fisches in einem

Binnengewässer kann die Ursache eines geringen Ertrags der Fischerei werden, denn ein allzustarker Fischbestand schmälert die Nahrung der auf ein gewisses Gebiet angewiesenen Individuen.

Karauschen, die in der Überzahl einen Teich bevölkern, bleiben zeitlebens klein und sind nicht zu verwerten; stark befischt, liefert derselbe Teich große wohlschmeckende Fische derselben Art.

Wir unterscheiden hinsichtlich der Nahrung Fische, welche pflanzliche Stoffe verzehren, und solche, die tierische Nahrung zu sich nehmen. Letztere zerfallen wiederum in Kleintierfresser und Raubfische.

Raubfische verzehren andere Fische und sind selbst dem Menschen eine Speise, wie Hecht, Barsch, Zander, Forelle, oder sie werden von ihm als Nahrung verschmäht, wie der Stichling, können ihm aber in gewissen Teilen ihres Körpers wertvolle Stoffe liefern und deshalb doch Gegenstand des Massenfanges sein. Dieses gilt von dem eben genannten Stichling, der am Kurischen Haff massenhaft gefangen und zu Tran und Dünger verarbeitet wird.

Kleintierfresser nennt man alle die Fische, welche die Kleintiere, d. h. die tierischen Organismen des Planktons, des Bodens und der Uferfauna verzehren.

Selbstverständlich gibt es viele, welche daneben phytophag sind, und solche, die unter Umständen Raubtiereigenschaften zeigen.

Auch die von Pflanzen lebenden Fische werden Tiere der Uferfauna nicht verschmähen, zumal dann, wenn sie dieselben gelegentlich der Nahrungsaufnahme miterhaschen.

2. Zweck und Methode der Fischerei.

Der Zweck der Fischerei ist ein zweifacher. Sie kann betrieben werden des Gelderwerbs wegen: als Geschäft, oder aus Liebhaberei: als Sport.

Im letzteren Falle kommt es dem passionierten Fischer auf das Fangen selbst, die Methode, und die bei derselben oft sehr verschiedenen Nebenumstände an, er fängt nach bestimmten Sportsregeln mit besonderen Ködern und Angeln ganz bestimmte Fische, nicht mit beliebig anderer Angel und anderem Köder sonstige Fische; er legt kein Gewicht auf den Geldwert der gefangenen Fische, überläßt sie meist dem Besitzer des Gewässers oder verwertet sie den mit ihm getroffenen Abmachungen gemäß.

Es soll eben Kraft und Geschicklichkeit auch bei dieser Art des Sportes zur Entfaltung kommen.

Die Sportfischerei erstreckt sich in der Neuzeit vorzugsweise auf den Fang von Salmoniden, seien es Forellen in deutschen Bächen, seien es Lachse in skandinavischen Gebirgswassern oder beide in den Flüssen Großbritanniens und Irlands. Daneben werden aber an manchen Orten auch noch andere Fische sportlich geangelt, wie z. B. der Hecht.

Eine gewisse Passion ist auch bei jenen Anglern zu finden, die in ihrem Sinne Sport treiben, d. h. neben der Beschäftigung an sich auch Wert legen auf die erbeuteten Fische. Es sind die Angler, welche jede Fischspecies an großem oder kleinem Haken, mit passendem oder unpassendem Köder angeln, dabei eine gewisse Geschicklichkeit, zumal Ortskenntnis erlangen, und in ihrer Art Ursache und Wirkung verwechselnd, Naturbeobachtungen auf die wunderlichste Art zu deuten suchen.

Der Geldertrag, den die Fischerei abwirft, ist ein bedeutender, denn erstlich werden im allgemeinen große Mengen von Fischen gefangen, andererseits stehen dieselben so hoch im Preise, daß die Fischerei bei einigermaßen wirtschaftlich eingerichtetem Betrieb als rentabel bezeichnet werden muß.

Von der Fischerei lebt nicht nur der Fischermeister und die in seinem Dienst stehenden Fischer, sondern auch die große Zahl derjenigen, welche direkt oder indirekt bei der Verwertung des Fangergebnisses mitwirken; dies gilt nicht nur in hohem Maße von der Seefischerei, sondern auch von der Binnenfischerei auf großen und kleinen Gewässern.

Das Fischfleisch ist einem verhältnismäßig sehr rasch eintretendem Verderben ausgesetzt, zumal wenn man in dieser Beziehung einen Vergleich zieht zum Wild, und bekanntermaßen muß auch das Fleisch unserer Haustiere „alt“ geschlachtet sein, wenn es zart und wohlschmeckend sein soll. Deshalb hat sich schon frühzeitig der Mensch bestrebt, die Fische durch besondere Methoden zu konservieren, d. h. sie zu räuchern oder einzusalzen oder den Transport möglichst zu beschleunigen. Die verbesserten Transportverhältnisse bedingen unter Umständen eine Überfüllung des Marktes, ein Herabgehen des Preises und dadurch eine intensivere Gestaltung des Fischereibetriebs.

Der Fischer wird die Zeit, die er früher zur Netzstrickerei verwandte, anderweit benutzen müssen, um konkurrenzfähig zu bleiben, er wird selbst zu versenden trachten und somit gezwungen sein, gewisse früher selbst gefertigte

Werkzeuge zu kaufen, von auswärts zu beziehen, andererseits aber auch die Ergebnisse seines Fanges viel ausgiebiger zu verwerten, als dies früher geschah.

So kommt es, daß z. B. eine große Reihe scheinbar fernstehender Industriezweige eng verbunden sind mit der Fischerei.

Die einen liefern die nötigen Hilfsmittel, die andern verarbeiten die den Fluten abgerungenen Schätze.

Zu ersteren gehören die mechanischen Netzstrickereien, welche die Netze in jeder verlangten Stärke, Maschenweite, Länge und Breite liefern, so daß der Fischer unter großer Zeit- und Geldersparnis sich nur noch sein Netz in beliebigen Dimensionen zusammenzusetzen braucht; zum Transport der alsbald eingesalzenen Fische, Heringe, dienen Tonnen, die in großen Mengen nötig sind, um den Reichtum des Heringsfanges aufzunehmen. Die Eisenbahnverwaltungen, welche besondere, von allen Fischern dankbar anerkannte Erleichterungen und Vergünstigungen für den Fischtransport gewähren, ermöglichen den Versand lebender Fische, so daß man in den Markthallen der Großstadt See- und Süßwasserfische lebend kaufen kann. Die wichtigsten dieser Bestimmungen gestatten den Versand lebender Fische mit Personen- oder Eilgüterzügen zum gewöhnlichen Frachtsatz, bei größeren Transporten werden besondere Wagen eingestellt, die durch angeklebte Zettel als Fischtransportwagen erkennbar sind.

Freilich hat auch der Fischer selbst wesentlich dazu beigetragen, indem er Transportgefäße konstruierte, welche sowohl den von der Eisenbahnverwaltung gestellten Bedingungen entsprachen, als auch die lebende Ankunft der Fische, selbst auf langen Eisenbahntransporten, möglich machten. Vorteilhaft ist es, Fässer, Transportkannen für Brut, Kisten für Aale mit den anerkannten Signaturen zu versehen, mit „roten Fischadressen", wie sie in den Druckereien der Fischereizeitungen käuflich sind.

Der Export, ebenso der Import von Fischen hat im Laufe der Zeit großen Umfang angenommen; besonders seit man Konservierungsmethoden anzuwenden, seit man alle Teile der Fische zu verwerten gelernt hat.

Von gewissen Fischen werden nur einzelne Teile ihres Körpers allein oder neben dem Fleische verwertet.

Am wertvollsten ist selbstverständlich das Fleisch, das frisch, geräuchert oder gesalzen in den Handel kommt, während in anderen Fällen gewisse Körperteile, Ovarien z. B. als Kaviar, besonders geschätzt werden, oder in gewissen Ländern ein besonderer Geschmack für eigentümlich dargestellte Fischpräparate herrscht. So bereiten die Fischer an den Dardanellen einen sogenannten Fischkäse, indem sie den Rogen an der Sonne trocknen, pressen und in geschmolzenes Wachs tauchen und, wenn der auf solche Weise dargestellte „Fischkäse" reif geworden, ihn mit Gewürzessig durchdrängt verzehren.

In vielen Küstenstrichen werden die Fische zum Füttern nicht nur der Hunde, sondern auch des Viehes verwendet.

Als Kaviar kommt der eingesalzene Rogen zahlreicher Fische in den Handel. Es wäre falsch, anzunehmen, daß derselbe nur von Stören gewonnen wird, wenn auch diese Fische die größte Masse liefern, und man erst in der neueren Zeit die Ovarien einheimischer Fische ähnlich behandelt und zubereitet, zu schätzen lernte. Pillau, Magdeburg, Hamburg und andere Städte Deutschlands liefern den Elbkaviar, gewonnen aus deutschen Stören. Aus Hecht, Karpfen und Karauschen wird ebenfalls ein Kaviar gewonnen, ebenso aus Zander, Blei und Zährte, sowie Thunfische; Äsche und Blei liefern Kaviar, wenn auch minderwertige Sorten. Den vorzüglichsten gewinnt man aus den südrussischen Stören, zumal dem Hausen, der bei einer Länge von 8 m und über 1000 kg schwer über 2 Zentner Eier bei sich tragen kann. Es ist wichtig, die Eier zu gewinnen, bevor sie legereif sind, weil sie sonst nur sehr kurze Zeit vor dem Verderben bewahrt werden können. Der Rogen wird durch Siebe getrieben und dadurch von allen Fasern und Fett befreit, schwach eingesalzen und als flüssiger Kaviar in den Handel gebracht. Je weniger er gesalzen, um so köstlicher ist er, freilich auf Gefahr der Haltbarkeit. Stärker mit Salzlake gesalzen, in Säcke gepreßt und als Preßkaviar in Tönnchen oder in verlöteten Blechbüchsen verpackt, kann er weiter verschickt werden.

In Südrußland ist der flüssige Kaviar Volksnahrungsmittel; der Export geschieht vornehmlich nach Südosteuropa, die Balkanhalbinsel und Ägypten. In Westeuropa steht er der geringen Haltbarkeit und des weiten Transportes wegen hoch im Preise und kann nur als Delikatesse den Tisch zieren.

Fischhautchagrin ist ein Ersatz für das kaum noch echt hergestellte Chagrinleder. Wenn man die mit stachelartigen Schuppen besetzte Haut dem eben gefangenen Haifisch und Rochen abzieht, ausspannt und nach langsamem Trocknen abschleift, erhält man Fischhautchagrin, das manchmal zum Überziehen von Kästchen und Schachteln verwendet wird, in der neuen Zeit aber durch „Schlangenhaut" verdrängt zu werden scheint.

Aus Fischabfällen und ungenießbaren Fischen, welche bei der Seefischerei unabsichtlich, aber häufig in großen Mengen gefangen werden, hat man verstanden, eine haltbare und transportfähige Ware herzustellen, welche als wertvolles Dungmittel unter dem Namen Fischguano im Handel bekannt ist. Die Fischabfälle entstehen bei der einleitenden Behandlung größerer Fische (Schellfisch, Dorsch u. a.) zum Konservieren; bei allzu massenhaftem Fang werden die kleineren Fische als weniger wertvoll zurückgestellt und mit den ungenießbaren Arten zunächst zur Tran- und Ölgewinnung und dann zur Düngerbereitung benutzt oder in der Neuzeit zu einem vorzüglichen Mastfutter verarbeitet.

Fischguano wird nicht nur an der europäischen Küste, zumal an Norwegens, Englands, Frankreichs und Deutschlands Gestaden, sondern auch an der Küste von Neufundland hergestellt.

Das Aussehen der Ware ist je nach der angewandten Methode ein verschiedenes, im allgemeinen bildet sie ein grobes, gelbliches Pulver von intensivem Fischgeruch. Die wichtigsten Bestandteile des Fischguanos, das wie Guano verwendet wird, sind Phosphorsäure und Stickstoff; Kali ist nur in geringen Mengen, meist unter 1 %, vorhanden.

Fischguano kommt auch unter dem Namen Fischmehl in den Handel.

Es ist dann nicht zu verwechseln mit Fischbrot, welches aus entgrätetem Dorschfleisch auf den Lofoten hergestellt wird. Das getrocknete Fleisch wird zu Pulver gemahlen, mit Wasser verrührt, auf 100° C. erhitzt, wobei es den eigentümlichen Fischgeschmack verliert. Darauf wird es zu kleinen, zwiebackartigen Broten verbacken, die sich durch ihren großen Nährwert auszeichnen.

Unter den in großen Massen aus Fischen gewonnenen Stoffen steht das Fischöl oder der Fischtran nicht an letzter Stelle, wenn zu seiner Gewinnung vorzugsweise auch Fischsäugetiere, Waltiere und Robben, in Betracht kommen.

Vorzüglichen Tran gewinnt man von zahlreichen Fischen, vor allen aber sind zu nennen Dorsch, Schellfisch, Thunfisch, sowie Hering, Hai und Rochen, deren Leber einen guten Tran, den Lebertran, liefert.

Derselbe wird auf zweierlei Weise gewonnen, nämlich durch Ausziehen mit Wasserdampf und durch Ausbraten der bereits gedämpften Lebern über freiem Feuer. Der Lebertran ist ein aus den Glyceriden der Oleïn-, Palmitin- und Stearinsäure bestehendes Öl, welches sich durch seine große Fähigkeit auszeichnet, tierische Membranen leicht zu durchdringen. Er oxidiert sehr leicht, findet als Nähr- und Heilmittel, sowie in der Gerberei und als Schmiermittel ausgedehnte Verwendung.

Die Schuppen finden im allgemeinen nur wenig technische Verwendung, obgleich sie sich recht gut auf Leim verarbeiten lassen.

Jene mancher Fische, besonders die des Barsches, dienen als Material, aus welchem künstliche Blumen, Körbchen und andere Sachen gefertigt werden.

Unter allen einheimischen Fischen zeichnet sich der Ukelei, auch Okel, Weißfisch, Laube genannt (Alburnus lucidus), durch den herrlichen silberweißen Glanz seiner

Schuppen aus. Dieselben sind dünn und zart und stecken sehr locker in ihren Hauttaschen.

Gewöhnlich wird dieser Fisch 10—12, seltener 20 cm lang. Er bewohnt die langsam fließenden und stehenden Gewässer Europas südlich bis zu den Alpen und findet sich auch in den Haffen.

In großen Scharen an der Oberfläche schwimmend, sucht er seine in kleinen Tieren bestehende Nahrung, nach welcher er auch in die Höhe springt, um über dem Wasser fliegende Insekten zu erbeuten. An flachen Stellen geht in den Monaten April, Mai, Juni das Laichgeschäft vor sich.

Er beißt sehr gerne an die Angel und ist ein sehr guter Köderfisch zum Angeln größerer Raubfische.

Das grätige, trockene Fleisch wird nur selten gegessen. Trotzdem ist er Gegenstand des Massenfanges, da, wie gesagt, der Silberglanz seiner Schuppen ein wertvolles Material liefert zur Herstellung künstlicher Perlen, während der entschuppte Körper zu Kunstdünger in der angedeuteten Weise verarbeitet oder als Mastfutter benutzt wird.

Die Fischperlen, auch Wachsperlen genannt, bestehen aus dünnwandigen Glaskugeln, welche mit Wachs ausgegossen werden, nachdem vorher die innere Glasfläche mit künstlichem Perlenglanz versehen wurde.

Diesen erzeugt man durch Perlenessenz, welche aus dem Silberglanz der Uckeleischuppen hergestellt wird.

Zu diesem Zwecke werden die frisch gefangenen Fische geschuppt, die Schuppen mit Wasser gerieben, wobei die auf der Schuppenunterseite sitzenden prismatischen, silberglänzenden Kristalle mechanisch losgerissen werden. Sie werden mit Wasser abgespült, anfangs in diesem suspendiert, setzen sie sich bald zu Boden. Mit Ammoniak ausgewaschen, mit Gelatine gemischt, bilden sie die Perlenessenz, Essence d'Orient. Ihre Anwendung ist bereits fast 250 Jahre alt, denn im Jahre 1656 wurden in Paris die ersten künstlichen Perlen auf diese Weise dargestellt. Jetzt werden in Deutschland (Straßburg, Schwäb.-Gmünd), sowie in Paris, Wien, Venedig solche Perlen hergestellt und an vielen Orten im Winter Tausende von Personen beim Abschuppen des Uckelei beschäftigt. Um die Perlenessenz an der Innenwand der Glasperlen zu befestigen, bedient man sich des Fischleims, eines Klebstoffes, der sich in der Neuzeit einer großen Beliebtheit erfreut, zumal seit er nicht nur in Gläsern, sondern auch in Tuben im Handel vorkommt, wodurch eine sparsamere und reinlichere Benutzung möglich wird.

Der Fischleim, auch Hausenblase genannt, wird aus der inneren Haut der Schwimmblase einiger Fische, wie Wels, Seehecht und anderer, vorzugsweise und in bester Qualität aus jenen der Störe, hergestellt. Die Störe, von welchen in Deutschland nur die beiden in unserem Verzeichnis genannten, Stör und Sterlet, vorkommen, gehören in die Fischordnung der Glanz- oder Schmelzschupper (Ganoidei), welche ihren Namen der emailartigen Schuppen oder Knochenschilder wegen tragen. Die letzteren sind auf dem Rücken und an den Seiten in fünf Reihen gelagert und durch scharfe, zahnartig vorspringende Kiele ausgezeichnet. Die Haut zwischen den Schilderreihen ist nur teilweise nackt und glatt, teilweise aber mehr oder weniger dicht mit kleineren Schildchen oder Knochen verschiedener Form und Größe bedeckt. Den stark zugespitzten

Kopf bedecken seitlich und oben Hornplatten, an der flachen Unterseite trägt er zwischen Mund und Nasenspitze Bartfäden und ein querspaltiges, weit rüsselartig vorstreckbares, zahnloses Maul. Diese Fische wurden früher den Knorpelfischen zugezählt, weil ihr Skelett, zumal die eigentliche Schädelkapsel und die Wirbelsäule, zum großen Teil knorpelig bleibt.

Die Flossenstrahlen sind seitlich fein gezähnelt, wenn diese Zähnchen manchmal auch nur als Rauheit fühlbar sind. Auffallend gestaltet ist die Schwanzflosse, bis zu deren Ende sich im langen oberen Lappen die knorpelige Wirbelsäule mit starker Krümmung nach aufwärts fortsetzt, während der untere Lappen breiter und viel kürzer ist. Der Schwanz erinnert dadurch stark an jenen der Haifische. Sie bewohnen den Ozean und die großen Binnenmeere, wandern zu bestimmten Jahreszeiten in die Ströme und deren Nebenflüsse, wo sie monatelang bleiben. Gegen Winter suchen sie tiefere Stellen in Meeresbuchten auf, um daselbst in Scharen vereinigt einen Winterschlaf zu halten. Alle sind sehr gefräßig und nähren sich von Weichtieren, Würmern, Fischen und Laich, nehmen auch Wasservögel und Frösche.

Die erstgenannte Art, der S t ö r, Acipenser sturio, wird 1,50 m lang, erreicht aber ein Maximalwachstum von 3 m. Er ist der größte Wanderfisch des Atlantischen Ozeans, des Mittelmeers, der Nord- und Ostsee. Er fehlt im Donaugebiet. Im Adriatischen Meer und den Lagunen Venedigs scheint er unter anderen Arten am häufigsten vorzukommen, von hier steigt er im Po aufwärts. Aus der Ostsee gelangt er in die Oder und Weichsel und in deren Nebenflüssen so weit hinauf, daß er selbst im Flusse San bei Przemysl in Galizien gefangen wird.

Zur Laichzeit im April, Mai und Juni legt das Weibchen mehrere Millionen Eier, jedes 2 mm groß, an Wasserpflanzen oder auf den Grund der Gewässer ab. Die Jungen wandern ins Meer zurück.

Die andere Art, Acipenser ruthenus, der Sterlet, erreicht nur eine Größe von 50—60 cm. Er ist ein Bewohner des Schwarzen und Kaspischen Meeres, in deren Zuflüssen Rußlands, Sibiriens er ebenso aufsteigt, wie in der Donau, wo er noch bei Regensburg beobachtet wird.

Seine Schwimmblase gibt den feinsten Fischleim; von dem größeren A. sturio werden auch andere Abfälle, die beim Verarbeiten und Räuchern des Fleisches abfallen, wie die Blase zu Leim verarbeitet.

Um die Hausenblase zu gewinnen, schneidet man die Schwimmblase der Länge nach auf, reinigt sie und zieht, wenn sie etwas getrocknet ist, die äußere muskulöse Haut ab, worauf die innere weiße Haut auf Bretter genagelt ausgespannt wird, um sie an der Sonne zu trocknen. Sie kann auch mit Hilfe von schwefliger Säure gebleicht werden und kommt in Form von größeren Blättern oder in Streifen geschnitten in den Handel.

Die Hausenblase stellt eine hornartige, gelblichweiße oder bläuliche Masse dar, die — ohne Geruch und Geschmack — eine zähe, faserige Konsistenz besitzt. Im kalten Wasser quillt sie auf und wird dabei undurchsichtig; sie löst sich in Alkohol wie in heißem Wasser und wird beim Verdunsten des Lösungsmittels zu einer farblosen Gallerte.

Die Hausenblase wird zum Leimen benutzt und ist als Fischleim bekannt, ferner zur Bereitung des englischen

Pflasters, sowie eines Kittes für Glas und Porzellan; sie dient zum Appretieren seidener Zeuge, sowie zum Klären von Wein und Bier. Zu diesem Zweck wird sie geklopft, zerschnitten, in Wein oder Bier geweicht und durch Zusatz von heißem Wasser gelöst. Diese Lösung drückt man durch Leinewand, setzt noch etwas Wein (Bier) hinzu und peitscht sie 1/4 Stunde mit einer Rute, worauf sie dem zu klärenden Weine zugesetzt wird. Man nennt sie „Schöne".

Indem sie sich nun langsam zu Boden schlägt, reißt sie die feinverteilten festen Bestandteile, welche die Trübung hervorriefen, mit zu Boden, sodaß nach mehreren Wochen die klare Flüssigkeit abgezogen werden kann.

Aus Rußland werden jährlich wohl 20000 Zentner Hausenblasen ausgeführt; geringer ist die Produktion in Nordamerika, Ostindien, Brasilien und Deutschland. —

Die Methoden, nach welchen in den verschiedenen Erdteilen und Ländern, ja selbst den einzelnen deutschen Gauen, die Fischerei ausgeführt wird, sind grundverschieden; ebenso die Werkzeuge, wenn auch bei ihnen dieselbe Grundform mehr oder weniger verändert wiederzukehren pflegt.

Im allgemeinen werden als Werkzeuge bei der Süßwasserfischerei unterschieden:

1. Netze.

a) Gewöhnliche Garne sollen die Fische nicht in den Maschen fangen und festhalten, sondern sie nur zurückhalten. Sie werden gezogen und treiben die Fische in den zwischen den beiden Flügeln befindlichen Sack. Sie bestehen deshalb aus zwei gleichgroßen Netzwänden, welche oben mit Schwimmern oder Flotten aus Holz oder Kork versehen, unten mit Senkern, Steinen beschwert sind und deshalb das Wasser da, wo sie gespannt sind, vom Grund bis zur Oberfläche absperren. Der Sack geht nur mit dem Unterrand seiner Öffnung auf dem Boden, während er selbst durch mehrere Reihen Schwimmer getragen wird. Ein solches Garn, Zugnetz oder Waade, wird von einer Stelle aus nach zwei entgegengesetzten Richtungen ausgespannt und langsam gezogen, wobei die Flügel sich allmählich nähern, so daß die eingeschlossenen Fische in den Sack geraten, wenn schließlich die Flügel an einer Stelle zusammenkommen und das Netz an Land gezogen wird. Dieses Netz eignet sich vorzüglich zur Fischerei unter dem Eise.

b) Kiemennetze, mit großen Maschen, in welche die Fische mit dem Vorderkörper hinein kommen, aber nicht durchschlüpfen können. Beim Zurückgehen bleiben sie in der Regel mit dem Kiemendeckel hängen und verwickeln sich mit Flossen und Schwanz. Diese Netze müssen sehr zart, aus sehr feinem, haltbaren Zwirn gestrickt sein und recht lose eingestellt werden. Unter Umständen können sie auch gezogen werden.

c) Dreiwandige Netze. Zwischen zwei sehr weitmaschigen, straff eingestauten, aus starkem Garn gestrickten Netzwänden ist ein engmaschiges, aus feinem Garn gestricktes Netz, das Blatt sehr lose eingestaut. Der schnell gegen das Netz anschwimmende Fisch fängt sich, indem er durch eine weite Masche des ersteren weitmaschigen Netzes hindurch gegen das Blatt stößt, einen Teil desselben durch die gegenüberliegende Masche der dritten Netzwand hindurchzieht und in dem so entstandenen Beutel hängen bleibt.

2. Hamen, d. h. solche Netze, die mit einem oder

mehreren Stangen als Handgriffen versehen sind. Sie zerfallen in

d) Stielhamen oder Stockhamen, dessen einfachste Form, der Kescher, wohl allgemein bekannt ist.

e) Scherenhamen, ein Netz, das zwischen zwei gekreuzten Stangen so befestigt ist, daß es einen Beutel bildet.

3. Senknetze, d. h. horizontal ausgespannte beutelförmige Netze, welche versenkt und nach einiger Zeit schnell wieder aus dem Wasser gehoben werden. Zu ihnen zählen auch die

f) Lachsgarne, welche mit Hilfe von Schwebebäumen vom Boot aus gehoben und gesenkt werden, sei es an besonders günstigen Stellen im Fluß, sei es an Wehren. Bekannt ist der Lachsfang bei Hameln an der Weser.

4. Wurfnetze, d. h. kegelförmige Netze, deren Peripherie mit einer 4—20 kg Blei tragenden Bleilinie eingefaßt ist und an dessen Spitze sich eine bis 8 m lange Wurfleine befindet. Wenn das Netz geworfen wird, geht es auseinander, wird es an der Leine emporgezogen, so fallen die Bleikugeln zusammen.

5. Reusen, d. h. fest aufgestellte Fangvorrichtungen, in welche die Fische leicht hineingehen, aber schwer wieder herauskommen können.

Sie zerfallen in

g) Garnschläuche, mit welchen in starkströmendem Wasser gefischt wird.

h) Einfache Reusen. Sie bilden kegel- oder zylinderförmige Körbe aus Netzwerk, Ruten oder Drahtgeflecht mit mehreren oder nur einem Eingang. Jeder

Eingang ist mit einer oder mehreren trichterförmigen Verengungen, den sogenannten Kehlen, versehen, durch welche die Fische leicht aus einer vorderen Kammer der Reuse in eine hintere hinein, aber nicht wieder zurückkommen können.

i) Flügelreusen, von den einfachen Reusen nur dadurch unterschieden, daß sich vor den Eingängen Flügel aus Netzwerk, Ruten- oder Drahtgeflecht befinden, welche die Fische zu den Eingängen leiten.

6. Aalfänge sind Kasten mit Lattenboden, durch welche das die Turbine oder das Mühlrad nicht passierende Wasser hindurchläuft. Die zur Wanderzeit, zumal in stürmischen Nächten, zum Meere ziehenden Aale geraten in diese Aalfänge, aus welchen ein Entweichen unmöglich ist, und werden hier in einer Nacht oft zu Hunderten gefangen.

7. Angeln. Unter solchen versteht man eigentümliche Haken, die an Schnüren befestigt in dem Wasser ausgelegt werden. Entweder besitzt jede Schnur nur einen Haken oder deren mehrere (Forellenangel), oder es sind an langen Leinen viele, ja Hunderte von Haken, an besonderen Schnüren befestigt.

Die Angeln werden entweder mit der Hand bedient, oder ein Angler hat, in seinem Kahne sitzend, zu gleicher Zeit etwa ein Dutzend am Kahn befestigter Angeln im Wasser, oder endlich, die Angeln werden am Abend gelegt und am Morgen gehoben. Solche Nachtangeln besitzen einen Schwimmer oder eine Puppe, welche den Fischer jederzeit die Angel wiederfinden läßt.

Je nach der Größe und Stärke der zu fangenden Fische benutzt man Angeln von verschiedener Stärke, mit einfachem oder doppeltem und dreifachem Haken, jeder mit scharfem Widerhaken oder Bart. Bei der Angel des Sportfischers ist dieser Haken an dem Vorfach befestigt, einem sehr dünnen, wenig auffallenden, aus Pferdehaar, Gimpe (mit Draht umsponnener Seide) oder Gut (der einer Seidenraupe entnommenen, ausgespannten und getrockneten Spinndrüse) bestehenden, 1—3 m langen Faden. Um die Haken untersinken zu lassen, ist kurz vor dem Haken etwas Blei befestigt, welches Senker genannt wird. Da aber der Angelhaken nur bis zu einer bestimmten Tiefe sinken soll, befindet sich am Vorfach ein verschiebbarer Schwimmer aus Kork oder Federkielen. Der Sportsfischer nennt ihn Floß.

Die Angelschnur, die je nach der Art des zu fangenden Fisches und der Örtlichkeit eine Länge bis zu 100 m haben kann, ist auf einer Rolle an der Basis der zusammenlegbaren, elastisch biegsamen Angelrute aufgerollt, durch Führungen bis zur Spitze der letzteren geleitet und wird in beliebiger Länge ausgeworfen, durch Nachgeben verlängert oder eingezogen. Der Angelhaken muß geködert sein. Die Köder sind natürliche, nämlich Regenwürmer, Insektenlarven, wie Maden, Raupen, Köcherfliegenlarven (Sprock genannt), Heuschrecken, Muscheltiere, Schnecken, Krebse, Frösche, Fischchen oder Fleischstücke kalt- oder warmblütiger Tiere; auch fertigt man Köder von Semmeln, Brotkrume, Mehlteig, gekochtem Getreide u. a. m. Die Köder können auch künstliche sein, etwa hellglänzende, leicht und rasch bewegliche Dinge, auf welche sich die Raubfische beutegierig losstürzen. Zu diesen gehören jene aus Glas und Metall gefertigten Köder, welche löffel- oder schiffsschraubenförmig gestaltet, zur sogenannten Spinnfischerei vorzüglich geeignet sind. Sie werden nämlich ebenso wie ein natürlicher Köderfisch, der in gekrümmter Stellung an einer mehrhakigen Angel befestigt ist, durchs Wasser gezogen, wobei der künstliche wie der natürliche Köder sich dreht, oder wie der Angler sagt, spinnt. Entweder lassen die Schiffer vom Hinterrande der Transportkähne die Angel nachziehen, oder der Angler steht am Ufer, läßt den Köder mit dem Wasser treiben und zieht stromaufwärts an. Hat ein Fisch den Köder erfaßt, dann muß „angehauen", d. h. mit einem Ruck angezogen und dadurch der Angelhaken in den Mund eingeschlagen werden.

Zu den künstlichen Ködern gehören auch die Fliegen. Da es unmöglich ist, zarte Insekten dauerhaft am Angelhaken zu befestigen, fertigt man oft täuschend ähnliche Nachahmungen aus Vogelfedern, Wolle, Seide oder Haaren. Die Fliegenangel wird vorzugsweise zum Fang von Lachs und Forelle benutzt und bildet das beliebteste Gerät des Sportanglers.

Dieser muß vor allen Dingen mit den Eigentümlichkeiten in der Lebensweise der Fische vertraut sein; trotz Anwendung der täuschend nachgeahmten Fliegen muß er außerordentlich geschickt und vorsichtig verfahren, dem Fisch möglichst verborgen bleiben, ihn weder durch Erschütterung des Bodens bei heftigem Auftreten noch durch Ungeschicklichkeit beim Auswerfen der Angel erschrecken. Ganz dasselbe gilt noch von anderen Fangmethoden, bei welchen ebenfalls die Geschicklichkeit des Fischers wesentlich den Erfolg bedingt, wie z. B. beim Stechen der Fische mit dem Speer. Dieser besteht aus einem Neptun-Dreizack, d. h. einem Stock mit gabelförmig, 5—6 spitzigem Eisen, das mit Widerhaken versehen, von Fischdieben gerne benutzt wird. Auch die Hechtschleife, ein Gabelstock, mit dessen Hilfe dem Hecht, wie auch Bleien und Karpfen eine Schlinge über den Kopf gestreift und plötzlich angezogen wird, ist ein fast ausschließlich von Fischdieben benutztes Fanggerät.

Die einzelnen Fangmethoden werden zu verschiedener Tageszeit ausgeführt.

Mit Zugnetzen, Hamen, Senknetzen arbeitet man bei Tage, ebenso mit dreiwandigen Staaknetzen, in welche die Fische getrieben werden, in vielen anderen Fällen stellt man die Netze, in welchen sich die Fische fangen sollen, über Nacht und hebt sie zeitig am folgenden Morgen, so geschieht es mit den Flügelreusen, den Reusen, häufig auch mit dreiwandigen Netzen, in welche dann die Fische, ohne getrieben zu werden, hineingehen.

Ähnlich ist es mit den Angeln; diese werden bei Tage ausgeworfen, aber noch weit umfangreicher über Nacht ausgelegt und in der Frühe gehoben.

Angeln sind stets geködert, Netze in der Regel nicht; doch wendet man in Forellenreusen häufig auch eine besondere Witterung an, bestehend aus Spicköl, einem gut gereinigten Terpentinöl, mit wenig Bergamotte- und Anisöl vermischt.

Nicht zu allen Zeiten beißt der Fisch gleich gut, nicht in jeder Nacht geht er in die Netze und Reusen. Er ist in seinen Lebensgewohnheiten abhängig von der Jahreszeit und vom Wetter. Im allgemeinen läßt sich sagen, daß die Fische zur Laichzeit am meisten ihre angeborene Scheu ablegen und am leichtesten gefangen werden. Zu keiner anderen Jahreszeit gehen die Forellen so sicher in die Reusen, als im November und Dezember;

Schleie fängt man im Mai und Juni in Reusen, den Hecht, wenn er im ersten Frühjahr in den kleinen Rinnsalen überschwemmter Wiesen laicht. Auch die aus den Tiefen der Alpenseen zum Laichen emporsteigenden Coregonus-Arten, die in Schwärmen den Laichplätzen zueilenden Heringe, werden zu dieser Zeit gefangen; Lachs und Aal werden auf ihren weiten Wanderungen, die ziemlich lange vor Beginn der Laichzeit angetreten werden, oft mit großem Erfolge erbeutet.

Im allgemeinen gehen die Fischer ruhig und — ich möchte sagen — einsam ihrem Gewerbe nach. Eine gewisse Zurückhaltung ist nötig, um die Fische nicht zu erschrecken und zu verscheuchen, wenn sie mit Zugnetzen gefangen werden sollen. Stille sitzt er mit seinen Gesellen im Kahn, lautlos heben sie die schweren Netze oder die langen Angeln, die Fische alsbald auslösend. Da ist kaum ein Zuruf nötig, kein Antreiben der Arbeitstiere; Peitschenknall oder Räderknarren, Maschinengerassel wird nicht gehört, lautlos setzt das Ruder ein, still gleitet der Kahn durch das Wasser.

Anders jedoch ist es, wenn große Fischzüge zu machen sind, wenn nicht ein Kahn mit wenig Besatzung arbeitet, sondern wenn ganze Fischerflotillen gleichzeitig ausziehen, nahe beieinander Jagdgründe auf hoher See oder an der Küste aufzusuchen und dort die massenhaft ankommende Beute zu fangen.

Auch wenn auf kleinem Binnensee ein Fischzug so gemacht wird, daß vom Lande aus oder auf dem Eise dem immerhin selten und doch so interessant zu sehenden Schauspiel beigewohnt werden kann, sammeln sich die Freunde des Fischers, die müßigen Bewohner des Dorfes;

auch Fremde kommen, den zappelnden Fisch, eben dem Wasser entnommen, ganz frisch zu kaufen und gleich mitzunehmen. Unter Lachen und Scherzen, wozu die Ungeschicklichkeit des einen oder anderen Veranlassung gibt, unter Ausrufen, die sich auf den Fang beziehen, vergeht die Zeit. Ist langes Warten nötig, so lagert man sich, sucht durch mitgenommenen Mundvorrat den Hunger zu stillen und ein kleines Fest mit allem, was dazu gehört, ist improvisiert. So entstanden schon in früher Zeit Fischerfeste im engen Anschluß an den Fischfang.

Am bekanntesten ist wohl der Stralauer Fischzug geworden. Kölln an der Spree war in alter Zeit ein von Wenden bewohnter Ort, der bereits 1261 zur Stadt erhoben wurde. Dort befanden sich längs der späteren Fischerstraße, der ältesten Straße Köllns, am Spreeufer schon im 10. Jahrhundert die auf Pfählen (der Pfahl heißt im Wenden'schen kolne) stehenden Hütten der Fischfang treibenden Bewohner. Später, im 11. und 12. Jahrhundert, fand auf dem, köllnischen Fischmarkt bereits ein reger Fischverkauf statt. Die Berechtigung der Fischer erstreckte sich vom Mühlendamm, der Verbindungsstraße zwischen Berlin und Kölln, bis zum oberen Baum, welcher als eine verschließbare Pfahlreihe durch die Spree vom „Paddenturm" der Stadtmauer am Ende der Paddengasse (jetzt Kleine Stralauerstraße) bis zur jetzigen Fischerbrücke sich hinzog.

Im Jahre 1358 erwarb der Rat der Stadt Berlin den alten Rittersitz Stralow mit dem von 11 Fischern bewohnten Dorfe, welche ihr Gewerbe auf der Spree und dem Stralower (jetzt Rummelsburger) See betrieben. Sie waren der Gutsherrschaft abgaben- und dienstpflichtig und mußten derselben namentlich bei Eröffnung der „Großen Fischerei mit dem Netze" dienen.

Nachdem dann der Berliner Rat, laut Urkunde vom 24. Juni 1389, dem Orden der Berliner Kalandsbrüderschaft (Orden vom hl. Geist) den Stralower See für 72 Schock böhmischer Groschen (= 15 850 M.) überlassen hatte, behielten die Fischer nur die Fischerei auf der Spree. Im Jahre 1424 setzte sich die Stadt aber wieder in den Besitz des Sees zum Vorteil der Fischer.

Kurfürst Johann Georg hatte in treuer Fürsorge für das Gemeinwohl unter dem 23. Februar 1574 verordnet, daß vom Gründonnerstag bis zum Bartholomäustag (24. August) nicht gefischt werden dürfte. Lange sehnten sich die Fischer nach diesem ersten Fischzug. Sie begingen ihn festlich zugleich als Kirchweihfest der nahe gelegenen Petrikirche. Die Kirchenmatrikel aus 1574 bestimmt sogar, daß der Stralower Pfarrer von den fünf Zügen, die am 24. August, also am Eröffnungstage der Fischerei, geschahen, den Ertrag der ersten vier zur Aufbesserung seines nur kärglichen Gehaltes beziehen solle.

Lange Zeit hindurch wird über den Fischzug nichts Merkwürdiges berichtet. Seine Glanzzeit begann, als im Jahre 1780 der in Friedrichsfelde residierende Prinz Ferdinand mit seiner Gemahlin und anderen Personen des Hofes teil daran nahmen. Der Magistrat von Berlin war schon vorher in Kenntnis gesetzt; er ließ schleunigst die bis zur Festwiese mit alten Baumreihen besetzte Dorfstraße reinigen und traf Vorbereitungen zum Empfange des hohen Besuches. Auch im folgenden Jahre fand der Prinz sich wieder ein, und 1791 war es der zum Besuch am preußischen Hofe verweilende Herzog von York, welcher mit seiner Braut, der Prinzessin Friederike (der Tochter Fr. W. II.) in einer reich geschmückten Gondel eintraf. Selbst König Friedrich Wilhelm III. verschmähte es nicht, des öfteren mit seiner ganzen Familie auf einer kleinen Gondelflottille gegen Abend zu erscheinen und, begleitet von den Jubelrufen der Menge, die Wiese zu durchschreiten. Als er einst das historische Wahrzeichen, den „roten Riesenkrebs" — eine Atrappe, in der ein jugendlicher Spaßmacher steckte — in Augenschein nahm, nannte er denselben eine „abgebrühte Amphibie", weil er nicht schwarz, sondern rot erschien.

Bei dieser Gelegenheit ließ der Monarch es sich nicht nehmen, das Gasthaus der „Mutter Tübbeke" zu betreten, deren Familie länger als hundert Jahre von Generation zu Generation die uralte Fischerkneipe besaß, welche damals den Mittelpunkt des geselligen Lebens bildete.

In den Jahren 1842 und 1843 besuchte der nachmalige Kaiser Wilhelm der Große mit seinen Brüdern, den Prinzen Karl und Albrecht, das Fest. Der letzte Besuch des Hofes fand 1847 statt. —

Zum Stralauer Fischzug zogen die Berliner Bürgersfamilien hinaus. Zeitig rüstete man sich, in Körben und Flaschen das mitzunehmen, was aus eigenen Mitteln besser als da draußen zu erhalten war. Es sind uns darüber aus früherer Zeit folgende Verse erhalten geblieben:

„Eben hat es Zwei geschlagen:
„„Brr"" da hält auch schon ein Wagen
Vor des Töpfermeisters Tür.
Erst das Kinderheer — nach Sitte —
Nimmt die Hintersitze ein;

In die stuckerfreie Mitte
Setzt das Ehpaar sich hinein,
Endlich auf den vordern Sitz
Kommt das Mädchen und der Spitz.
Für der vollen Körbe Heer
Blieb die Unterwelt noch leer."

Der belebteste Weg nach Stralau war der durch die Mühlenstraße. Hier drängte die Menschenmenge sich lebensgefährlich durch die Fuhrwerke, Kremser und alles, was auf vier Rädern dahinrollte, dem Stralauer Tore entgegen, bis man das freie Feld erreicht hatte. Und nun ging es, ohne Wege und Stege zu beachten, querfeldein zum nahen Ziele, zur weiten Stralauer Wiese.

Hier brodelte es bereits auf kleinen, aus dem Boden der Wiese „gebuddelten" Erdhügeln in Pfannen und Töpfen, da wurde die vaterländische Zichorienwurzel zum braunen „Mocca" metamorphosiert, sogar eine Kuh mitten in dem Getümmel gemolken und die Milch kredenzt — nach vorhergegangenem Wasserzuguß in vor aller Augen „öffentlichem Verfahren".

Dabei hatte der polizeiliche Lactometer nichts zu schaffen, wie denn auch zur Aufrechterhaltung der „Ordnung" nur zwei Gendarmen genügten, welche der Polizeipräsident ein paar Tage vorher durch die Zeitungen „in die Obhut des Publikums" zu stellen pflegte. Selbstverständlich fehlte es nicht an Schaubuden mit allerlei primitiv-bescheidenen, „noch nie gesehenen" Sehenswürdigkeiten.

Das eigentliche Fest der Fischer, an welchem das große Publikum keinen besonderen Anteil nahm, bestand in einem feierlichen Fischzuge um 5 Uhr morgens, das Berliner Volksfest fand am Nachmittage statt. Später wurde, um auch der großen Menge ein Schauspiel zu geben, der Fischzug in die Mittagsstunde verlegt, mit Pauken- und Trompetenschall begleitet, aber damit trat der Verfall des Volksfestes ein, zu dessen Wiederbelebung neuerdings Versuche gemacht werden.

Je nach dem Charakter der Bevölkerung werden reiche Fischzüge auch anderwärts in dieser oder jener Weise vom Volke gefeiert. Es sei nur an den Thunfischfang erinnert an den Gestaden des Mittelländischen Meeres, besonders an der Küste Sardiniens.

3. Gefahren und Abwehr.

Die Gefahren, welche die Fischerei bedrohen, sind mannigfacher Art, solche, die den Fischern selbst, dem Betrieb der Fischerei, den Geräten und nicht zuletzt den Fischen überall entgegenstehen.

Die Binnenfischerei ist mit weit weniger Gefahr verbunden als die Seefischerei. Bewundernd schaut man zu den Fischern hin, welche auf kleinem, schwachem Fahrzeug hinaus auf die See fahren, ihre Netze zu stellen oder sie einzuholen, stets der Gefahr ins Auge schauend, der Todesgefahr, mit welcher die von plötzlichem Wind aufgewühlten Wogen das Fischerboot bedrohen.

Gelingt es auch, einer drohenden Gefahr aus der Nähe der gefährlichen Küste auf die hohe See zu entrinnen oder glücklich den heimatlichen Strand zu erreichen, so kann ein einziger Sturm oft den Wohlstand vieler Fischer zerstören. Der wertvollste Besitz derselben sind die großen Netze; wenn diese von der aufgeregten See von ihrer sicheren Befestigung losgerissen werden, sind sie für den Fischer verloren.

Auch den Fischen selbst droht oft Gefahr durch elementare Gewalt. Die nach plötzlichem Gewitter und heftigen Regengüssen dem Bach oder Flusse zuströmenden, oft ungeheuren Mengen des Niederschlagswassers führen feste Bestandteile mit sich, welche die Eier und junge Brut vieler Fische, zumal jene der Forelle, durch Übersanden vernichten. Die unverhältnismäßig starken Wasser reißen Eier und schwache Fischbrut mit sich und führen sie weg von den als Laichplätze geeigneten Stellen, so daß diese — Eier, Jungbrut —, wenn sich die Wasser verlaufen, unter den denkbar ungünstigsten Verhältnissen zurückbleiben. Hier sind sie über das Ufer hinaus oder auf eine Sandbank getrieben, wo sie, wenn das Wasser sich ganz verlaufen hat, auf dem Trockenen liegen bleiben; dort retteten sie sich an eine tiefe Stelle, wo sie der Gefahr einer bald eintretenden Versandung ausgesetzt sind.

Zahlreich sind die Feinde der Fische, weniger unter den Pflanzen, als besonders aus dem Reich der Tiere, seien diese Feinde Parasiten oder Räuber, welche der Brut oder den erwachsenen Fischen nachstellen.

Unter den Säugetieren ragt als besonders schädlich hervor der Fischotter, Lutra vulgaris; weit hinter ihm zurück bleiben die Wasserspitzmaus, Iltis und vielleicht der Nörz. Zahlreicher sind die Vögel, welche als Feinde der Fische bekannt sind; Fischreiher, Kormoran, Säger, Enten, Schwäne, Gänse, Taucher, ferner Fischadler und Eisvogel. Manche rechnen auch den Wasserstar zu den Schädlingen.

Auch die wasserbewohnenden Reptilien sind nicht Freunde der Fische: Frösche, Kröten, Tritonen; ebenso können die das Wasser liebenden Schlangen, wie die Ringelnatter, schädlich werden.

Alle bis jetzt genannten Wirbeltiere, dazu die Raubfische, schaden durch Verzehren von größeren Fischen (Fischadler, Reiher, Kormoran, Taucher, Otter) oder durch Vernichtung einer geradezu unberechenbaren Menge von Fischbrut (Spitzmaus, Eisvogel, Schwäne, Gänse, Enten, sowie die genannten Amphibien und die Schlangen).

Der Fischbrut wird außerdem eine große Anzahl räuberischer Wasserbewohner gefährlich, welche, zur Klasse der Gliedertiere gehörig, Charaktertiere der Uferfauna bilden. Unter dieser versteht man alle die Lebewesen, welche an und zwischen den Wasserpflanzen, sowie am Ufer selbst sich aufhalten, ohne der Bodenfauna oder dem Plankton anzugehören. In einem flachen Teich, der auf seiner ganzen Ausdehnung die charakteristischen Eigenschaften der Uferzone größerer Gewässer trägt, findet sich die Uferfauna selbstverständlich überall vertreten.

Solche schädliche Wasserinsekten sind Rückenschwimmer (Notonecta glauca), Wasserskorpion (Nepa cinerea), Wasserwanze, Larven von Libellen (Schmal- und Schlankjungfer, Plattbauch) und Wasserkäfern, sowie viele der letzteren selbst (Dytiscus).

Im Gegensatz zu allen diesen bisher aufgezählten Feinden, welche durch räuberischen Angriff den Fisch, sei er jung oder alt, in ihre Gewalt zu bringen suchen, stehen die Parasiten, welche den Fisch zu zeitweisem Schmarotzen überfallen, oder ihn Zeit ihres ganzen Lebens als Wohnstätte ausersehen haben. Sie finden sich als Ektoparasiten, wie Fischegel (Piscicola geometra) und Roßegel, welch letzterer auch kleinen Fischchen gegenüber nicht als

Schmarotzer, sondern als Räuber auftreten kann, die Schmarotzerkrebse, wie die häufigere Karpfenlaus (Argulus foliaceus. — Die selteneren, aber eigentümlich gestalteten und infolge einer regressiven Metamorphose biologisch so sehr interessanten Schmarotzerkrebse Ergasilus, Penella u. a. sind nicht zu vergessen. Andere Schmarotzer treten als Entoparasiten auf, wie zahlreiche Eingeweidewürmer, die den Fisch entweder als Wirt oder als Zwischenwirt benutzen.

Die Entwicklung dieser Würmer bedingt einen Wirtswechsel, indem sie entweder in ihrer Jugend oder in geschlechtsreifem Zustand eine andere Tierspecies bewohnen. Da dieser Wechsel in der Regel durch passive Wanderung geschieht, so wird entweder das Jugendstadium des Parasiten in dem Fisch, der geschlechtsreife Parasit in einem der oben genannten Fischfeinde leben, oder er findet sich als Larvenform in einem dem Fisch als Beute anheimgegebenen Wasserbewohner und in entwickeltem Zustand in dem Fisch. Der andere Wirt ist unter gewissen Umständen der Mensch, in welchem Falle der parasitierende Wurm noch eine weit höhere Bedeutung erlangt. Er schädigt seinen Wirt bekanntlich im allgemeinen dadurch, daß er ihm als Darmbewohner aus dem Speisebrei Nahrung entzieht und durch Verengerung und Versperrung des Darmes das freie Passieren des Darminhaltes hemmt, sowie unter Umständen Beschwerden verursacht. Die Larve des Eingeweidewurmes, welche nicht im Darme, sondern in anderen Teilen des Körpers lebt, ruft in häufigen Fällen schmerzhafte, ja selbst tödlich verlaufende Krankheiten hervor.

Der Grubenkopf, Bothryocephalus latus, ein 5—8 m langer, aus 3—4000 kurzen und breiten Gliedern bestehender Bandwurm, ist vorn fadendünn, in der Mitte etwa 1 cm breit. Sein Kopf trägt, im Gegensatz zu anderen Bandwürmern, keine in doppeltem Kranze stehende Haken, sondern nur kräftige Saugscheiben. Er ist deshalb auch leichter abzutreiben, als die übrigen Bandwürmer. Im 600. Gliede finden sich bereits Eier. Dieselben gelangen im günstigen Falle mit den abgestoßenen Bandwurmgliedern ins Wasser, in welchem allein sie sich entwickeln. Dort entschlüpft dem Ei ein kleines, mit Hilfe von Wimpern sich frei bewegendes Wesen, Embryo genannt, das binnen höchstens einer Woche Gelegenheit finden muß, in einen Fisch, zumal den Hecht oder die Quappe, einzuwandern, andernfalls es zu Grunde geht. In dem Fische verwandelt sich der Embryo in eine Finne, welche in die Muskulatur einwandert, wo sie frei oder eingekapselt, ruhig liegend, lebt und wartet, bis der Hecht gefangen und roh oder halbroh gegessen wird. Dadurch gelangt die Finne in den Magen des Menschen, von wo sie nach kurzer Rast in den Darm eintritt und ihren Kopf umstülpend zum Bandwurm wird. Dieser hält sich mit seinen Saugscheiben fest, wächst stark in die Länge, indem sich direkt hinter dem Kopf stets neue Glieder einschieben, während die letzten Glieder abfallen und aus dem After des Wirtes austreten. Dieser Bandwurm findet sich besonders an der Französisch-Schweizer Grenze, in den deutschen und russischen Küstengebieten der Ostsee, während er im höheren Norden durch eine verwandte Art, den Bothryocephalus cordatus, ersetzt wird.

Ein anderer Bandwurm, Ligula simplicissima, der Riemenwurm, der sich durch seine geringe Länge von nur 10—30 cm und verhältnismäßig starke Dicke (3 mm) auszeichnet, bei einer Breite von 1 cm, lebt frei in der Bauchhöhle zahlreicher Fische, zumal von Plötze und Blei. In manchen Seen kann man jahrelang kaum einen dieser Weißfische fangen, der nicht einen solchen Bandwurm beherbergte. Mit seinem Wirt wird dieser von den Fische raubenden Wasservögeln verschlungen, in deren Darm er seine volle Entwicklung und Geschlechtsreife erreicht.

Der nur 3—6 cm lange Schistocephalus solidus, in der Bauchhöhle des Stichlings, wird ebenfalls erst im Darm von Wasservögeln geschlechtsreif. —

Unter den niederen Pflanzen sind gewisse Saprolegnia-Arten zu beachten, welche nicht nur auf abgestorbenen und sterbenden Fischeiern sich ansiedeln, sondern auch lebend in allzu engem Behälter gefangen gehaltene Fische befallen, deren Körper von einem weißlichen Pilzrasen stellenweise bedeckt erscheint; selbst ganz frei lebende Fische bleiben unter Umständen nicht verschont von diesen parasitischen Pflanzen.

Die Familie der Saprolegnien umfaßt zwei besonders in Betracht kommende Gattungen mit mehreren Arten: Saprolegnia ferax und S. thureti, sowie Achlya prolifera und A. nowickii, welch beiden letzteren sich durch ihre derberen Fäden auszeichnen. Diese Pilze bestehen nämlich aus sich verzweigenden Fäden, welche mit ihrem unteren Ende in die Haut des Fisches eindringen, hier den Säften des Tieres ihre Nahrung entnehmen und über dessen Oberhaut einen mehr oder minder üppigen, kurzen oder langflockigen Flaum bilden von schmutzig weißgrauer Farbe. Unter günstigen Verhältnissen können diese Pilze sich binnen wenigen Stunden nach ihrer ersten Ansiedelung so stark vermehrt haben, daß sie in die Augen fallen.

Man muß annehmen, daß gesunde Fische diesen Parasiten keinen günstigen Nährboden darbieten, daß aber Verletzungen der Haut, sei es durch mechanische Eingriffe oder infolge irgend einer anderen Krankheit, sei es in direktem Zusammenhang mit plötzlichem Temperaturwechsel die Stätte bereiten, an welchen sich diese Pilze sofort ansiedeln. Ihre Schwärmsporen kommen massenhaft im Wasser vor, sie treiben, sobald sie auf einen passenden Nährboden gelangen, alsbald Keimfäden, die bald zu einem üppigen Pilzrasen auswachsen. Um die Pilze zu entfernen, genügt es nicht, sie mechanisch von der Haut abzureiben, da das Mycel in dieselbe eingedrungen ist und die Fähigkeit, weiter zu keimen, bei dieser Behandlung beibehält. Verschiedene pilztötende chemische Mittel, wie Zink- oder Kupfer- und Magnesiumsulfat, Kochsalzlösung sind empfohlen worden, besonders hervorgehoben zu werden verdient eine sicher wirksame Behandlung mit übermangansaurem Kali, welches bei vorsichtiger Anwendung für Karpfen und sogar für Forellen völlig unschädlich ist.

Solche Verletzungen, welche den Pilzen passende Ansiedlungspunkte bieten können, entstehen durch mechanische Verletzungen der Haut, etwa beim Fang und Transport der Fische, oder sie sind eine Folge plötzlicher und weitgehender Temperaturschwankungen.

Wir wissen, daß infolge starker H i t z e unsere eigene Haut entweder zu einer trüb milchweißen Masse wird, etwa wenn wir an den noch heißen Kopf eines Zündhölzchens fassen. Genau dieselbe Erscheinung nehmen wir wahr, wenn wir ein Stückchen feste Kohlensäure zwischen den Fingern pressen. Starke Hitze und starke Kälte wirken gleichartig zerstörend auf unsere Haut ein. Bei heftigeren Einwirkungen entstehen Blasen, indem die Haut sich abhebt, oder letztere wird direkt verbrannt. Genau dieselben Erscheinungen findet man bei Fischen, wenn diese plötzlich und unvermittelt in anderes Wasser von höherer oder niederer Temperatur gebracht werden. Deshalb muß im Aquarienbetrieb, sowie beim Aussetzen von Fischen auf den allmählichen Ausgleich der Wassertemperatur so großes Gewicht gelegt werden. Die äußerlich sichtbaren Erscheinungen sind analog jenen auf der menschlichen Haut; im einen Falle beobachtete man trübe, weißliche Flecken auf der Oberhaut, die sich später verloren, im anderen Falle blasenartiges Loslösen derselben oder gar Abfallen in großen Stücken.

Andere Hauterkrankungen stehen unter Umständen jedoch auch in ursächlichem Zusammenhang mit Krankheiten innerer Organe, wie bei der Furunkulose und wahrscheinlich auch bei der Fleckenkrankheit mancher Salmoniden.

Bei solchen spielen gewisse Mikroorganismen eine große Rolle; so z. B. bei der Knötchenkrankheit der Karpfen, welche durch Infusorien aus der Gattung Ichthyophthirius hervorgerufen werden. Die Haut der befallenen Fische zeigt sich von kleinen, weißlichgrauen, scharf umrandeten Knötchen oft sehr dicht besetzt, kaum 1 mm Durchmesser haltend, dazwischen kreisrunde Löcher, aus welchen derartige Knötchen bereits ausgefallen sind. Die Haut erscheint deshalb siebartig durchlöchert, sie löst sich los und fällt fetzenweise ab. In diesen sich auslösenden Knoten lebt ein Ichthyophthirius, manchmal auch zwei Individuen, welche sich nun dadurch vermehren, daß ihr gesamter

Körper in zahlreiche Kügelchen zerfällt, welche dabei aber noch von der Körperhaut des Muttertieres umgeben werden. Diese platzende Hülle entläßt später die jungen Individuen, die sich aus den Keimkugeln gebildet haben. Sie schwimmen im Wasser umher und suchen sich baldmöglichst in die Haut eines Fisches einzubohren.

Wenn in strengen Wintern mit anhaltender heftiger Kälte starkes Eis den See bedeckt, geht die Kunde von großem Fischsterben durch die Tagesblätter. Das Sterben der Fische im Winter unter der festen Eisdecke erfolgt aus Mangel an Sauerstoff. Die zahlreichen, in Winterschlaf versunkenen tierischen Lebewesen, sowie die vielen, auch im Winter lebhaften niederen Tiere verbrauchen die im Wasser absorbierte Luft, deren Ergänzung unter Umständen wegen der Eisdecke unmöglich ist. Wohl sucht der Fischer durch Offenhalten von Löchern im Eise die Gefahr abzuwenden. Da bemerkt er, wie Wasserkäfer an diesen Löchern erscheinen, auch einzelne Fische, die matt umherschwimmen und nach Luft schnappen; Frösche kommen ebenfalls aus der Tiefe, endlich die Fische in großer Zahl, kaum noch lebend, viele treiben schon tot an der Oberfläche unter dem Eise. Eine allgemeine Bewegung unter den dem Tode durch Ersticken verfallenen Wasserbewohnern ist eingetreten. Nur wenig Mittel gibt es, um noch große Verluste durch den Teichaufstand zu verhindern: Vermehrung der Luftlöcher, Aufeisen einer größeren Fläche, Wasserzuführung oder sofortige Notfischerei.

Heftige Gewitterregen bringen unter Umständen auch Fischsterben mit sich, nicht im Gebirge, wohl aber in der Ebene unterhalb großer Städte, in welchen dann die Notausgänge der Wasserleitungen sich öffnen und unendliche

Mengen von Schmutz von der Straße und aus den Kloaken und Kanälen dem Flußlauf zugeführt werden.

Der größte Feind der Fische ist der Mensch.

Der unvernünftig wirtschaftende Fischer, der Mensch in seinem Unverstand hatte es soweit gebracht, daß etwa in der Mitte des vergangenen Jahrhunderts in Deutschland von Fischerei überhaupt kaum noch die Rede sein konnte. Vom Jahre 1870 ab nahm das Interesse für die Fische wieder zu und stieg in der Neuzeit, dank der großen Verdienste, die sich Männer, wie von Behr-Schmoldow, Benecke, von dem Borne, Susta, Burda, Uhles, Weigelt, Reuter, Haack, Hofer und viele andere in dieser oder jener Richtung erworben haben.

Gleichzeitig mit der Hebung der Fischerei und den größeren Ansprüchen, die sie stellte, stiegen auch die vom Menschen selbst verursachten Gefahren und Schäden, indem dieser das Wasser in der verschiedensten Hinsicht in Anspruch nahm, wie bereits einleitend dargelegt wurde.

Zur Zeit gilt in Deutschland kein einheitliches Reichsfischereigesetz, vielmehr besitzen die einzelnen Bundesstaaten besondere Gesetze, z. B. Preußen das Gesetz vom 30. Mai 1874 bezw. 30. März 1880.

Die Fischerei wird ausgeübt auf Grund verschiedener Rechtstitel; es können Regale, Besitzverhältnisse, Privilegien, Verleihungen zu Grunde liegen, das Eigentumsrecht am Wasserlauf selbst oder an seinen Ufern kann dazu berechtigen. Hier fischt der Eigentümer des Sees, dort sind die Besitzer aller an das Ufer eines Bachlaufes grenzenden Grundstücke zum Fischen berechtigt; in diesem Bache dürfen sie alle Arten fangen, in jenem fischen sie nur eine bestimmte Art von Fischen.

Das gleichzeitige Bestehen mehrerer Fischereiberechtigungen in dem nämlichen Gewässer nennt man Koppelfischerei; sie besteht z. B. an der Postum in der Mark, dort gehört der Forellenfang dem Fiskus. Die Stadt Zielenzig hat im Bereich des Stadtgebietes die Gerechtsame vom Fiskus abgelöst und verpachtet. In diesem Fluß hat aber außerdem noch jeder angrenzende Besitzer freie Fischerei mit Ausschluß des Forellenfanges.

Fängt also ein Uferbesitzer eine Forelle, dann — wirft er sie ins Wasser zurück? oder nicht!

Außerdem grenzen zwei Gemeinden an besagten Fluß. Auf der rechten, östlichen Seite des ungefähr 12—14 Fuß breiten Flusses, der Zielenziger Seite, wird die vom Fiskus abgelöste Forellenfischerei ausgeübt. Die Fischerei des westlichen Ufers, der Langenfelder Gemeinde gehörig, ist nicht abgelöst und von dem Fiskus an die Oberförsterei verpachtet.

Mithin fischen in diesem Flusse der Pächter der Zielenziger Fischerei und der Pächter der fiskalischen Fischerei nach Forellen, aber nach keinen sonstigen Fischen, und jeder Besitzer einer angrenzenden Uferstrecke nach allen Fischen, nur nicht nach Forellen!!

Meist sind die Berechtigten in der Lage, die gefangenen Fische zu verkaufen, oft aber dürfen sie, sogenannte Küchenfischerei betreibend, nur so viel fangen, als sie in der eigenen Wirtschaft verbrauchen; neben ihnen wird das Wasser noch von anderen, ebenso Berechtigten, oder auch von einem Fischereipächter befischt. Pachtverträge bestehen in der mannigfachsten Art. Der Pächter muß Fischer sein, der Verpächter ist entweder der Fiskus, die Gemeinde oder der Privatbesitzer.

Die Adjacentenfischerei hat man als unwirtschaftliche Ausübung der Fischerei längst erkannt und durch Bildung von Fischereigenossenschaften zu beseitigen versucht; dieselben können auch gegen den Widerspruch einzelner Beteiligter im Zwangswege eingerichtet werden, wenn zur Schaffung größerer, gemeinsam zu verwaltender Abschnitte eines Gewässers ein öffentliches Interesse vorliegt, oder von der Mehrzahl der Beteiligten ein Antrag gestellt wird. Unter guter Leitung bringen derartige Fischereigenossenschaften auch finanziell vorteilhafte Resultate.

Die Staatsaufsicht greift ferner dadurch helfend ein, daß sie ein Marktverbot für solche Fische erlassen hat, welche entweder zu klein, mindermäßig sind, oder gerade vor der Fortpflanzung stehen. Durch stetiges Wegfangen der noch jungen und kleinen Fische könnte leicht der Fischbestand weiter Gewässer zerstört werden, weil nach einigen Jahren geschlechtsreife Generationen fast ganz fehlen würden.

Die Mindestmaße für Fische sind nicht in allen Ländern dieselben; selbst in Deutschland gibt es dafür oft weit voneinander abweichende Bestimmungen: das Mindestmaß des Zanders beträgt z. B. in Ost-, Westpreußen und Posen 28 cm, in Bayern 40 cm, d. h. in Ostpreußen dürfen Zander von 28 cm Länge gefangen und feilgeboten werden, die unweigerlich in Bayern konfisziert werden würden. Für die Plötze ist in Süddeutschland kein Mindestmaß bestimmt, im Königreich Sachsen, West- und Ostpreußen, sowie in Bremen beträgt es 13, im übrigen Deutschland 15 cm; ebenso ist es mit dem Hecht, der in Oberpfalz, Ober- und Mittelfranken bis zu einer Länge von 40 cm geschützt, in Ober- und Niederbayern ohne jede Einschränkung gefangen werden kann. Das Mindestmaß des Aales schwankt zwischen 25 cm (Nordseeküste) und 40 cm (Sachsen-Meiningen) u. dgl. mehr.

Um während der Fortpflanzungszeit den Fischen den nötigen Schutz angedeihen zu lassen, bestehen Verbote des Fischfanges während der Laichzeit. Im ganzen Gebiet des früheren Norddeutschen Bundes, ausschließlich des Königreichs Sachsen, gilt das System der absoluten Schonzeiten, nach welchem in den Gewässern, je nachdem in denselben die im Winter bezw. im Frühjahr laichenden Fische vorwiegen, in der einen bezw. anderen Jahreszeit der Fischfang überhaupt ruhen muß.

Die Winterschonzeit beginnt am 16. Oktober und dauert mindestens 2 Monate, in manchen Staaten auch länger. Die Frühjahrsschonzeit währt vom 10. April bis 9. Juni, in welcher Zeit der Fischfang nur an drei Tagen der Woche in den der absoluten Frühjahrsschonzeit unterliegenden Gewässern ausgeübt werden darf.

Ein anderes System, jenes der Individualschonzeiten, besteht in Süddeutschland, einschließlich Sachsen. Nach den dort geltenden Gesetzen ist der Fang gewisser Fische während bestimmter Zeitabschnitte, in welche die Laichperiode fällt, verboten.

Danach können in einem Forellenbach Norddeutschlands mit Winterschonzeit vom 16. November bis Mitte Dezember Fische überhaupt nicht gefangen werden. In einem Forellenbach Elsaß-Lothringens können im Winter alle Fische gefangen werden, jedoch vom 10. Oktober bis 31. Januar keine Forellen. Während der absoluten Frühjahrsschonzeit ist — wie gesagt — der Fischfang nicht gänzlich, sondern nur an drei Wochentagen und am Sonntag verboten.

Ausnahmen von diesen Bestimmungen gelten an vielen Orten für verschiedene Fische; so ist z. B. der Fang für Zwecke wissenschaftlicher Untersuchung oder zur Ausführung der künstlichen Befruchtung der Eier gestattet.

Geht neben dem Fangverbot auch das Marktverbot einher, wie bei der Individualschonzeit in Süddeutschland, dann können die geschützten Fische in dieser Zeit ebensowenig aus dem Bach und Fluß, wie aus dem Teich und Hälter verkauft werden. Ein Gastwirt in München macht sich strafbar, wenn er vom 1. Oktober bis 31. Dezember Seeforellen auf die Speisekarte setzt, mag er sie auch aus der Schweiz bezogen haben. In Berlin dagegen werden auch in der Winterschonzeit Bachforellen unbeanstandet gehandelt.

Auch anderweit gewährt man den Fischen Schutz, indem — wie eben bemerkt — Sonntags, d. h. von Samstagabend bis Sonntagabend, mit Netzen überhaupt nicht gefangen werden darf und dauernd stehende Fischereigeräte in dieser Zeit abgestellt sein müssen.

Um möglichst wenig untermaßige Fische zu fangen, sind für die einzelnen Netzarten bestimmte Maschenweiten vorgeschrieben.

Auch sind Netze verboten, deren Benutzung den Fischen sehr starken Abbruch tut, in welchen sich oft auch solche Fische verwickeln, zu deren Fang sie nicht ausgestellt waren. Manchmal verpflichten sich sogar verständige Fischer freiwillig, ein derart schädlich auf den Fischbestand wirkendes Netz oder eine verderbliche Fangmethode nicht mehr anzuwenden.

Die Benutzung von Betäubungsmitteln oder Giften, welche ein Massensterben der Fische in einem Gewässer hervorrufen (Dynamit, Kockelskörner), ist selbstverständlich untersagt, ebenso das Trockenlegen von Wasserläufen, um dadurch der Fische habhaft zu werden.

In den Ländern, in welchen die absolute Schonzeit zu Recht besteht, hat man, um den Jungfischen noch weitergehenden Schutz zu gewähren, Laichschonreviere eingerichtet. Als solche gelten gewisse Strecken von Bach- und Flußläufen, in welchen geeignete Laichplätze und Aufenthaltsorte für die junge Brut sich finden. Desgleichen werden in Seen die Uferstrecken, in welchen die Cypriniden vorwiegend laichen, als Schonreviere erklärt. In denselben ist jeder Fischfang untersagt; ja nach dem Wortlaut des Gesetzes dürfen auch die Raubfische dort nicht gefangen werden, welche, dem Laich und der Brut nachstellend, sich gerade in den Laichschonrevieren zur Laichzeit und später sehr gerne aufhalten. In den Laichschonrevieren ist das Mähen von Schilf, das Ausfahren von Schlamm, Steinen und Wasser während der Laichzeit verboten, weil dadurch die Laichfische gestört, die abgelegten Eier, die an Pflanzen angeklebt sind oder am Boden ruhen, vernichtet würden.

Um die Aufsicht über die Fischerei ausüben zu können, bestimmt das Gesetz, daß jeder, der dieses Gewerbe in den Revieren anderer Berechtigter betreiben will, mit einem vorschriftsmäßig ausgestellten Fischereischein als Legitimation ausgerüstet sein muß, welcher auf Verlangen dem zuständigen Aufsichtspersonal, sowie den Polizeibeamten vorzuzeigen ist. Der Fischereiberechtigte und der Pächter sind befugt, derartige Erlaubnisscheine auszustellen, welche von der Ortspolizeibehörde beglaubigt werden müssen.

Die Gefahr, durch Diebstahl geschädigt zu werden, ist für den Fischer groß. Der Dieb entleert die Netze und Reusen des Fischers, löst die Fische aus den Angeln, wenn er nicht vorzieht, diese abzuschneiden, ja er ist so dreist, selbst Fanggeräte auszustellen und diese regelmäßig zu heben. Daneben sind Übergriffe von Fischern in die Rechte anderer ebenfalls nicht selten. Fischereiaufseher (in der Gegend von Köpenick Pritzstabel genannt) üben, unterstützt von der Gendarmerie und Lokalpolizei, die Aufsicht aus; auf der See sind es kleinere Kriegsschiffe, welche die einheimischen Fischereigründe vor der Befischung durch Schiffe fremder Nationen zu schützen haben.

Das moderne Kulturleben mit seiner großen Industrie und seinen weitgehenden hygienischen Ansprüchen bedarf sehr großer Wassermengen, welche nach ihrer technischen Verwendung wieder dem Flusse zugeführt werden. Bergbau und Salinenindustrie schicken Abwässer in den Fluß, welche neben anderen Verunreinigungen Kochsalz, Eisensalze, ja freie Schwefelsäure liefern, die chemischen Fabriken entlassen Abwässer mit löslichen Metallsalzen, welche außerordentlich giftig wirken; das Gaswasser enthält giftige Ammoniakverbindungen, sowie Teerderivate. Aus Holzverarbeitungs- und Zellulosefabriken strömen Abwässer verschiedener Art, zum Teil mit freier schwefliger Säure; Papierfabriken entlassen Salzsäure, Chlor, sowie giftige Eisen- und Manganverbindungen des letzteren.

Giftige Abwässer liefert die Textilindustrie. Das Wasser, in welchem man Hanf und Flachs rottet (rötet oder röstet), jenes, in welchem die Schafe einer energischen Pelzwäsche von Zeit zu Zeit unterworfen werden, sind den Fischen äußerst schädlich. Besonders gilt dies auch von den Abwässern der Tuchfabriken, welche Rohwolle verarbeiten, denn diese enthält außerordentlich große Mengen Schmutz, Fette und Wollschweiß. In den Wollwaschwässern finden sich ferner die Angänge der Reinigungsmittel, die zum Teil von recht seltsamer Art sind: Soda, Seife, Öle, Urin, Blut, Schweinekot, Walkerde, Alaun, Weinstein, Farbwaren 2c., d. h. faulende Stoffe und ätzende Alkalien.

Die faulenden Bestandteile der Abwässer entstammen ferner den Walkmühlen, Filz- und Hutfabriken, Federreinigungsanstalten; auch die Gerbereien und Leimfabriken schicken sich zersetzende Fleisch- und Hautreste in das Wasser.

Nicht zu vergessen sind in der Reihe der schädlichen Abgänge aus Fabriken: Heißes Wasser, ins Wasser geleiteter Dampf, Kühlwasser von Hoch- und Schmelzöfen u. dgl.

Die mit der Landwirtschaft in enger Beziehung stehenden Gewerbe, wie Zucker- und Stärkefabriken, Brennereien, Brauereien, Molkereien, Käsereien, sowie die Nahrungsmittelindustrie, d. h. Fabriken für Margarine, Fleisch- und Fischkonserven, Extrakte und für die durch Patente geschützten Nährstoffe, schicken ebenfalls Abwässer mit mehr oder minder starker Verunreinigung durch organische Substanzen in die Flüsse.

Die modernen Klein- und G r o ß s t ä d t e leiten ihr K a n a l i s a t i o n s w a s s e r in die Flußläufe ab. Dieses führt mit sich: Menschliche Auswurfstoffe, Exkremente der Haustiere. Abwässer von den Straßen, ferner jene aus Küche und Haus, sowie Straßen-, Haus- und Marktkehricht,

Aschen und Brennmaterialien, dazu die Abgänge aus Schlachthäusern und Abdeckereien und den in der Stadt befindlichen industriellen Anlagen.

Solche Abwässer enthalten große Mengen organischer Substanzen, die, wie die Fabrikabfälle organischer Natur, im Wasser faulen; als Beispiel sei nur angegeben, daß man im Jahre 1897 die aus Braunschweig, einer Stadt mit damals 100000 Einwohnern, zu entfernenden Abfallstoffe auf annähernd 90000000 kg berechnete.

Dieselben setzten sich folgendermaßen zusammen:

Feste und flüssige Exkremente der Menschen	36500000 kg,
feste und flüssige Exkremente der Haustiere	12000000 kg,
Haus- und Straßenkehricht und feste gewerbliche Abfälle	40556000 kg.

Dazu noch die Küchenspülwasser, das Wäschewasser (Leib-, Tisch-, Küchen- und Bettwäsche), Aufziehwasser der Wohn- und Schlafräume, Waschwasser der körperlichen Morgenreinigung, alle mit großen Mengen suspendierter fester Substanz.

Je nach der Art und Menge der giftigen Substanzen ist das Verhalten der verschiedenen Fische sehr mannigfach. Manche Fische sind sehr empfindlich gegen das eine Gift, unempfindlich gegen ein anderes, welches einer zweiten Fischart unangenehmer werden kann. Die Symptome, durch welche sich die Krankheit der Fische zu erkennen gibt, sind Atemnot, Mattigkeit, Seiten- und Rückenlage; ihr Auftreten ist abhängig von der Art des Giftes, dem Gehalt des Wassers an giftigen Stoffen, von der Dauer der Giftwirkung und von der Temperatur.

Für Chlorkalk und Eisenvitriol ergaben sich nach verschiedenen angestellten Versuchen die in nachstehender Tabelle enthaltenen Einwirkungen:

	Untersuchte Substanz.		Untersuchte Fischart.	Gehalt der Lösung; in 1 l sind mg	Temperatur des Wassers °C	Dauer des Versuches.	Verhalten des Fisches.
a	Chlorkalk darin wirksam freies Chlor	1	Schleie	5,0	12	76 Min.	Seitenlage und in reinem Wasser nach 6 Stunden tot
		2	„	1,0	6	180 „	keine Symptome
		3	kleiner Lachs	1,0	6	31 „	in reinem Wasser nach 2 Stunden tot
		4	„ Forelle	1,0	12	20 „	in reinem Wasser nach 24 Minut. tot
		5	„ „	0,8	12	37 „	in reinem Wasser nach 47 Minut. tot
		6	„ „	0,1	14	150 „	keine Symptome
		7	Frrellen- und Äschenbrut	0,5	14	60 „	in reinem Wasser nach 13 Stunden tot
		8	„	0,25	14	15 „	bleiben am Leben
		9	„	1,0	11	60 „	nach 2 Stunden tot
		10	Forelleneier	1,0	14	60 „	nach 6 Tagen gesund ausgeschlüpft
b	Eisenvitriol $FeSO_4 + 7 H_2O$	1	Schleihe	1000	7,5	18 Std.	keine Symptome
		2	Große Forelle	100	7,5	16 „	schnappt heftig, Rückenlage, in reinem Wasser nach 24 St. tot
		3	Saibling	100	17,0	2 „	tot
		4	Mittelgr. Forelle	100	17,0	5 „	„
		5	Äschenbrut	100	16,0	26 „	„
		6	Forellenbrut	100	16,0	25 „	„
		7	Forellen- und Äschenbrut	50	14,0	16 „	bleibt am Leben
c	Seife	1	Californischer Lachs	1000 unfiltriert	14	$1^{1}/_{2}$ „	Seitenlage, nach 61 Minuten tot
		2	Forelle	„	14	2 „	Seitenlage, erholen sich langsam
		3	Forelle und Californischer Lachs.	1000	14	2 „	keine Symptome
d	Eisenchlorid Fe_2Cl_6	1	große Forelle	1000	12	55 Min.	Seitenlage, erholt sich
		2	Forellenbrut und Bachsaiblingsbrut	1000	12	55 „	„ erholen sich

Es mögen etwa 30 Jahre her sein, seit man sich über die Schädlichkeit der Abwässer für die Fische zum erstenmal Rechenschaft gab. Jetzt kennt man, wie aus vorstehender Übersicht zu ersehen ist, die Wirkung der Abwässer ziemlich genau und suchte alsbald die Frage zu lösen, wie die verderblich wirkenden Stoffe der Abwässer unschädlich gemacht werden könnten. Durch Kläranlagen, in welchen die festen, vom Wasser mitgeführten Stoffe sich absetzen, sowie durch chemische Prozesse, welchen die Abwässer unterworfen werden, sucht man sie nach Möglichkeit zu beseitigen. Rieselfelder, welche den doppelten Zweck erfüllen, die Abfallstoffe unschädlich zu machen und unfruchtbaren sterilen Sandboden reiche Erträge abzuringen, werden in ausgedehntem Maße angelegt und Filteranlagen werden gebaut, welche dieselben Zwecke, auf engeren Raum zusammengedrängt, erfüllen sollen.

Sie ersetzen am vollkommensten die wunderbare, erst in der Neuzeit voll und ganz erkannte Tatsache von der Selbstreinigung der Flüsse.

Man versteht unter dieser den Vorgang einer Verminderung der Bestandteile, welche ein verunreinigtes Wasser mit sich führt; derselbe spielt sich so ab, daß nach mehr oder minder langem Lauf des Flusses die von ihm mitgeführten verunreinigenden Bestandteile so erheblich abgenommen haben, daß die Zusammensetzung des Wassers derjenigen sehr nahe oder gleichkommt, welche das Wasser vor dem Zutritt der Verunreinigung zeigte.

Bewirkt wird diese Erscheinung durch die gesamte Bewohnerschaft des Wassers, Tiere und Pflanzen, welche in einer mehrfach sich gliedernden Stufenreihe aufeinander angewiesen sind. Vorzugsweise ist es die Tätigkeit der niedersten Lebewesen, der Bakterien, welche in erster Linie vernichtend auf die Beimengungen des Wassers wirken; ihnen reihen sich an Algen, Pilze und die niederen schlammfressenden Tiere aus der Klasse der Protozoen. Man weiß, daß diese biologische Reinigung nicht ein einfacher Vorgang ist, sondern aus vielen Einzelvorgängen zusammengesetzt ist und sich in der verschiedensten Weise abspielt, häufig wohl eingeleitet durch Oxydationserscheinungen, zugleich mit den anderen chemischen Veränderungen, die durch die Tätigkeit der Bakterien bewirkt werden.

Die staatliche Fürsorge für das Gedeihen der Fische zum Nutzen der Menschheit zeigt sich auch in den Bemühungen, die schädigenden Einflüsse der Stromregulierungen, die aus den verschiedensten Gründen vorgenommen werden, zu mildern. Wird ein Flußbett gerade gelegt, so werden durch Abdämmen der Altwasser den Fischen die besten Laich- und Weideplätze genommen; die Strombereisungskommissionen haben in der Neuzeit ihr Augenmerk auch darauf gerichtet und sorgen dafür, daß größere tote Arme mit dem Fluß durch eine mit dem Kahn zu passierende Einfahrt in Verbindung stehen, oder wenn dies nicht möglich, dadurch, daß durch weite Rohre den Fischen ein bequemer Zugang geschaffen wird.

Buhnenbauten und Uferbefestigungen der verschiedensten Art sind im Interesse der Schiffahrt nötig, Wehre in jenem der Mühlen und Kraftwerke. Diese, nunmehr meist durch Turbinen getrieben, verlegen aufsteigenden Wanderfischen den Weg vollständig, und ein Kasten mit engem Gitter, durch welchen das überschüssige Wasser an vergittertem Räderwerk vorbeigeführt wird, fängt jeden zu Tal gehenden Fisch, vornehmlich den Aal, wenn er zum

Laichen dem Meere zustrebt. Derartige Fangeinrichtungen, Aalfänge, dürfen nicht mehr angelegt werden. Vorrichtungen, welche den zu Berge wandernden Fischen den hohen Fall des Wehres in niedere Stufen zerlegen und dadurch passierbar machen, — Aalleitern, Fischpässe — werden nach Möglichkeit den neu anzulegenden Wehren eingebaut, so daß auch diese den Wanderfischen kein Hindernis bieten.

III. Abschnitt.

Fischzucht.

1. Im Allgemeinen.

Die Fischzucht erstreckt sich im allgemeinen allein auf Süßwasserfische.

Sie ist schon sehr alt, denn wir wissen, daß bereits die Römer aus den Zuflüssen des Schwarzen Meeres den Karpfen nach Italien verpflanzten, wo sie ihn nicht etwa in Flüsse einzubürgern versuchten, sondern in geschlossenen Wasserbecken, Teichen, züchteten und mästeten. Da die katholische Kirche die Fische als Fastenspeise zu benutzen vorschreibt, war Fischfang und das Halten der Fische in Teichen, sowie die Zucht und Mästung derselben eine von frommen Mönchen mit aller Hingabe gepflegte Tätigkeit. Wo es nur irgend möglich war, wurden nicht weit vom Kloster Teiche angelegt, wenn nicht die Nähe eines fischreichen Flusses oder Sees solche überflüssig machte. Als später in Deutschland zahlreiche Klöster verlassen wurden und in Trümmer sanken, verlor sich in dieser Gegend das Interesse an den Teichen, denn nicht weit mag in die Bevölkerung das Verständnis gedrungen sein für die

Vorteile einer solchen Anlage und für die Schmackhaftigkeit und den Nährwert der Fische. Wo aber gar aus dem Kloster ein Gutshof gemacht wurde mit ausgedehntem Landwirtschaftsbetrieb, waren Wiesen nötig, die gewonnen wurden durch Ablassen der Teiche, und die infolge der am Teichboden niedergefallenen Sedimente organischer Natur, sehr fruchtbar waren und lange Jahre, Jahrzehnte hindurch große Erträge abwarfen. Mit dem seit Mitte des 19. Jahrhunderts beginnenden allgemeinen Aufschwung und dem neu erwachenden Verständnis für den Wert der Fische beginnt auch für die Fischzucht eine neue Blütezeit, in welcher nicht nur alte Teichanlagen wieder in Betrieb genommen, sondern zahlreiche andere neu eingerichtet wurden.

War als ursprünglicher Zweck der ganzen Anlage nur die Gewinnung von Speisefischen erstrebt worden, so trat mit den verbesserten Verkehrsverhältnissen der Neuzeit noch die Gewinnung von Fischbrut hinzu, welche die Besetzung einer großen Zahl bisher unbenutzt gewesener Gewässer möglich machte und zu einer rationelleren Bewirtschaftung der alten Anlagen führte. Aber auch die Liebhaberei verlangte ihr Recht, und neben der Zucht von Speisefischen entwickelt sich als besonderer Zweig die Zucht von Zierfischen, zumal solcher mit auffallender Gestalt und prachtvoller Färbung, von denen nur an den allbekannten Goldfisch erinnert sei.

Von den in Deutschland einheimischen 67 Fischarten, deren Zahl einschließlich der zumal aus Amerika eingeführten und eingebürgerten auf 71 steigt, sind es etwa ein Dutzend Arten, welche der besonderen Pflege des Menschen unterworfen sind und zum Teil in mehreren

Rassen gezüchtet werden. Andere hingegen bilden nur einen Gegenstand des Fanges, ihre Fortpflanzung ist eine derart große, ihre Widerstandsfähigkeit gegen Feinde und fremde Einflüsse ist so stark, daß ihre Vermehrung bei der Beobachtung eines nachhaltigen Fischereibetriebs in keiner Weise zurückgeht, ihre Massen vielmehr an vielen Orten stark zugenommen haben.

Nach Körperbau, sowie nach ihren Lebensverhältnissen zerfallen diese von uns gezüchteten Fische in zwei Hauptgruppen, welchen sich andere einzelne Arten mit etwas abweichenden biologischen Eigentümlichkeiten anschließen: wir wirtschaften mit Cypriniden und mit Salmoniden; zu ersteren gehören Karpfen, Schlei, zu letzteren Forelle, Saibling und Regenbogenforelle. Ferner wird auf die Zucht des Zanders ein großer Wert gelegt, welcher für Landseen und große Karpfenteiche in Betracht kommt.

Die tiefeinschneidende Verschiedenheit in den Lebensverhältnissen dieser Fische bedingt einen großen Unterschied in der Art der Wirtschaft. Die Cypriniden lieben warmes, stehendes Wasser von geringer Tiefe, sie laichen im Frühjahr, kleben ihre Eier an Wasserpflanzen an, sind wenig empfindlich. Die Karpfen werden als zwei- bis vierpfündige Ware gerne gekauft, die Schlei als Portionsfisch.

Die oben genannten Salmoniden dagegen lieben rasch strömendes oder wenigstens kaltes Wasser, tiefere Becken; sie laichen im Winter, werden nach künstlicher Gewinnung und Befruchtung der Eier in besonderen Brutapparaten gezüchtet, sind weit empfindlicher als die karpfenartigen

Fische und werden zur Zeit vorzugsweise als Portionsfische begehrt.

Doch sei gleich bemerkt, daß in den einzelnen Gauen unseres Vaterlandes die Nachfrage nach großen oder kleinen Fischen sehr verschieden und auch einer gewissen Mode unterworfen ist. So kaufte man vor 2—3 Jahren in Hessen vorwiegend Forellen nicht unter 1/2 kg, jetzt werden sie in Berlin nicht über 1/4 kg begehrt, während man in Wien den mehrpfündigen Forellen den Vorzug gibt.

Nicht unerwähnt seien die erfolgreichen Bestrebungen, manche Fische in gewissen Gewässern einzubürgern oder zu vermehren durch Aussetzen von Brut oder Jungfischen, wie solches mit dem Aal in ausgedehntem Maße geschieht.

Die Zucht von Fischen geschieht in Teichen. Den Teich definierten wir bereits als ein stehendes Gewässer, dessen Zu- und Abfluß vom Menschen willkürlich geregelt werden kann, dessen Wasser daher beliebig hoch zu stauen oder ganz abzulassen ist. Zu Zeiten, in denen man den Wert eines Gewässers noch nicht hoch schätzte, entstanden für einzelne Grundstücke, zumal Mühlen, örtlich weit ausgedehnte Gerechtigkeiten, während in anderen Fällen von den Adjacenten der Wasserlauf als Grenze benutzt und weder dem einen noch dem anderen Uferbesitzer zugesprochen ist. Diese damals an den Tag gelegte Gleichgültigkeit rächt sich jetzt nach vielen Jahren bitter. Ein Grundstück wäre nach Lage und Beschaffenheit vorzüglich zur Anlage von Teichen geeignet, wenn nur das Wasser, auf welches natürlich nun auf einmal auch der andere Uferbesitzer Wert legt, benutzt werden könnte, oder wenn der 3—4 km unterhalb ansässige Müller in der geplanten

Anlage nicht einen Eingriff in seine verbriefte Gerechtigkeit erblickte.

Es wäre daher dringend nötig, ein Verständnis für den Wert des Wassers zu erwecken, und bei Käufen, Zusammenlegungen von Ländereien darauf zu achten, daß die Grenze nicht vom Flußlauf gebildet, sondern einige Meter von dem einen Ufer verlaufend, das Gewässer dem einen Adjacenten zuteilt. Anfänge in dieser Beziehung werden bereits gemacht: das seitherige Grenzfließ zwischen den beiden Oberförstereien Biesenthal und Eberswalde, nordöstlich von Berlin, ist bei der letzten Taxation dieser Reviere dem einen derselben ganz zugeteilt worden, so daß die Grenze am einen Ufer verläuft. —

Teichanlagen kann man in sehr verschiedener Weise schaffen. Geschieht es in einer Talmulde, in welcher kein Wasserlauf vorhanden ist, welche aber ein großes Niederschlagsgebiet besitzt und in einer an atmosphärischen Niederschlägen nicht armen Gegend liegt, so wird sich das auf undurchlässigem Boden ansammelnde Wasser durch einen Damm am Abfließen hindern lassen und einen Teich bilden, dessen Wasserstand von der Niederschlagsmenge abhängig ist. In regenarmen Jahren wird er nicht viel Wasser enthalten, in niederschlagsreichen Zeiten wird er reichlich gefüllt sein und unter Umständen einen Teil des Wassers an einen unterhalb gelegenen anderen Teich abgeben können.

Atmosphärische Niederschläge sind reich an Sauerstoff; das durch kleine Rinnsale aus der Umgebung zuströmende Wasser ist angereichert mit gelösten Bestandteilen und auch an festen Körpern, die in fein verteiltem Zustand mitgerissen werden und sich am Boden des Teiches allmählich absetzen. Dieser Niederschlag wird den Teichboden außerordentlich fruchtbar machen, eine Eigenschaft, von welcher, wie später gezeigt werden soll, die Leistungsfähigkeit des Teiches abhängt.

Eine Gefahr bergen solche Himmelsteiche. Sie sind Talsperren, d. h. sie sperren das Tal vollständig für den Durchfluß des Wassers, so daß bei heftigen Niederschlägen gewaltige Wassermassen sich hinter dem sperrenden Damm ansammeln werden; er wird ihrem ungeheuren Druck vielleicht nicht Widerstand leisten können und nachgeben. Ist er einmal, und wenn auch nur an kleinster Stelle, durchbrochen, oder überfallen, dann ist kein Halten mehr, mit immer stärkerer Gewalt bahnt sich das Wasser einen Ausweg, unterhalb verderbenbringend, überschwemmend, hier Schlamm ansetzend und dort alles mit sich fortreißend.

Deshalb legt der Vorsichtige Notauslässe an, durch die das Wasser austritt, wenn es eine gewisse Höhe erreicht hat. Man hat auch Vorflutteiche oberhalb des eigentlichen Teiches angelegt, die für gewöhnlich trocken sind, leicht aber geschlossen werden und dann einen großen Teil des Wassers aus dem Niederschlagsgebiet aufnehmen und von dem eigentlichen Teich zunächst fernhalten.

Wer ohne weitere Untersuchung an beliebiger Stelle einen Damm bauen würde, müßte erfahren, daß sein Teich unbrauchbar sein, vielleicht trocken bleiben würde. Es muß der Anlage ein sorgfältiges Studium aller einschlägigen Verhältnisse, nicht zuletzt ein genaues Nivellement vorausgehen, damit der Damm an richtiger Stelle geschüttet, und dem Teich bei passender Größe die für die Bewirtschaftung notwendige — vom Laien meist überschätzte — Tiefe gegeben werde. —

Anderer Art ist die Anlage jener Teiche, welche durch

das Wasser eines Baches gespeist werden, sei es, indem der Bach nach dem Teiche hingeleitet oder letzterer im Tale des ersteren so angelegt wird, daß der Bachlauf den Teich durchzieht. Ein solcher Bach- oder Flußteich ist der Hochwassergefahr in hohem Maße ausgesetzt und verlangt deshalb eine möglichst sorgfältige und weitgehende Sicherung. Da der Zufluß des Teiches ein beliebiger, aber konstanter sein soll, muß das vom Bach gelieferte überschüssige Wasser an dem Teiche vorbeigeführt und unterhalb wieder demselben zugeleitet werden; dies geschieht durch das sogenannte Wildgerinne, welches nach den beiden eben unterschiedenen Fällen der Zuleitung ein künstliches sein kann oder von dem Bett des Baches gebildet wird.

Flußteiche unterscheiden sich in der Beschaffenheit ihres Wassers wesentlich von den Himmelsteichen; sie erhalten Wasser, das an und für sich weniger reich ist an Sauerstoff, das aber bei starkem Gefäll des Baches beim Überspringen von Fels oder Stein sich doch mit atmosphärischer Luft bereichert. Dies Wasser wird dem Teich nach und nach den Niederschlag des Baches zuführen, der jedoch weniger gute Eigenschaften hat, als jener, den der Himmelsteich erhält, weil auf der langen langsamen Reise am Grund des Baches große chemische Veränderungen mit demselben vorgegangen sind.

Die Temperatur des Bachteiches wird im allgemeinen eine wenig niedrigere sein als die eines Himmelsteiches.

Kalt dagegen sind meist die Quellteiche, denn diese erhalten ihr Wasser aus einer oder mehreren im Teiche selbst oder in deren nächster Nähe vorhandenen Quellen. Ihr Wasser ist außerdem ärmer an Sauerstoff und entbehrt der organischen Beimengungen, die als besonders wertvoll für die Zwecke des Teichwassers bezeichnet wurden.

Bezüglich des **Baues von Teichen** wird man in der Weise vorgehen, daß man einen gut ausgearbeiteten Plan der ganzen Anlage zu Grunde legt, in welchem die Zwecke derselben, zugleich auch die Größenverhältnisse, Inhalt, Tiefe und Zahl der Teiche auf Grund örtlicher Aufnahmen, Nivellements und Vermessungen berücksichtigt sind. Man wird dann zunächst einen kleinen Teil derselben ausbauen, in Betrieb nehmen und alljährlich die Anlage erweitern, das Vorhandene vervollkommnen und die gemachten Erfahrungen verwerten.

Alle Arbeiten müssen mit großer Sorgfalt ausgeführt werden.

Die Stärke der **Dämme** richtet sich nach dem Druck des Wassers, den sie aushalten sollen. Dieser ist abhängig von der Tiefe des Teiches, von dem Gefälle und bei großen Teichen von dem Wellenschlag des Wassers.

Im allgemeinen wird man den Damm aus dem zunächst gelegenen Material bauen. Vorteilhaft ist es, wenn man demselben einen festeren Kern aus Steinen oder Ton geben kann. Unter Umständen wird dies aber seine großen Schwierigkeiten haben, so daß man sich mit dem vorhandenen Sand oder lehmigen Sand begnügen muß. Eine größere Breite des Dammes wird in solchem Falle angebracht sein. Im allgemeinen pflegt man einen Damm ½ m höher als den höchsten zu erwartenden Wasserstand anzulegen. Sei letzterer 1 m, dann wird der Damm 1,50 m hoch und bekommt, allgemeinen Erfahrungssätzen zufolge, eine Kronenbreite von 1,25 m und eine Sohlenbreite von 5 m. Soll der Damm zugleich als Fahrweg benutzt werden, so muß er an der Krone mindestens 4 m breit sein.

Die Böschung des Dammes wird im allgemeinen eine Neigung von 35° besitzen. Man kann auch den Damm nach der Wasserseite etwas sanfter geneigt, nach unterhalb dann um so steiler anlegen. An einem solchen Damm liegt die Krone dann nicht über der Mitte der Sohle.

Bevor man mit dem Bau des Dammes beginnt, reguliert man die Bodenfläche des zukünftigen Teiches derart, daß das Wasser leichten ungehinderten Abfluß nach der Mitte des aufzuschüttenden Dammes hat. Außerdem durchzieht man den Teichboden mit einem System nach dieser Stelle hinführender Gräben, welche beim Trockenliegen des Teiches als Drainage dienen und beim Abfischen die Fische allmählich nach der tiefsten Stelle des Teiches hinführen. Diese liegt etwa vor der Mitte des Dammes und wird die Schlägelgrube genannt. Von ihr aus geht das Ablaßrohr durch den Damm hindurch. Ist es sorgfältig gelegt, dann kann der Damm geschüttet werden. Zunächst aber wird in der ganzen Länge des Dammes ein Graben ausgehoben und das Material zur Seite gesetzt, damit so eine feste Verbindung, eine Verzapfung, zwischen dem Untergrund und dem aufgeschütteten Material hergestellt werde. Das zur Schüttung verwandte Material sei frei von Wurzeln u. dgl. und werde möglichst fest und gleichmäßig aufgebracht. Der Damm wird an den Böschungen und der Krone mit Rasenplaggen belegt oder mit Gras angesamt. Hierzu ist der recht dicht aufzubringende Abraum von Heuböden sehr zu empfehlen. Viele wollen den Damm mit Weiden bepflanzen, andere raten mit Recht davon ab, weil später die abgestorbenen Wurzeln alter Weiden beim Verfaulen ihrer Rinde dem Wasser Gelegenheit zum Eindringen geben können.

Ist der Boden des Teiches durchlässig, dann muß er mit Lehm und Ton gedichtet werden. Selbstverständlich unterbleibt dann die Anlage von Gräben und Grube in der Teichsohle. Im allgemeinen soll ein Teich ganz flache Uferränder besitzen; es soll später gezeigt werden, von welcher Bedeutung diese für den Ertrag des Teiches sind.

Kleinere Teiche, Bassins, zur Aufzucht von Salmonidenbrut legt man mit steilen Ufern an, gibt ihnen einen Zu- und Abfluß durch Rohrleitung. Sie haben also eine andere Form und Gestalt und auch eine andere Aufgabe zu erfüllen, wie die Karpfenteiche.

Neben dem Damm ist der Teichverschluß von größter Bedeutung für die Brauchbarkeit eines Teiches.

Der **Teichverschluß** hat die Aufgabe, den Wasserstand des Teiches auf einer bestimmten Höhe zu halten, den zufließenden Wassermengen den Abfluß zu gestatten und beim Ablassen des Teiches das Niveau allmählich zu senken bis zur Trockenlegung. Man hatte im Laufe der Zeit verschiedene Teichverschlüsse angewendet, welche aber sämtlich allen Anforderungen nicht gerecht werden konnten. Dieselben können unter besonderen Verhältnissen auch jetzt noch verwendet werden; bei Neuanlagen wird man aber jene Vorrichtung bauen, sei es aus Holz, sei es aus Zement oder Mauersteinen, welche man als Mönch bezeichnet.

Der **Mönch** besteht aus einer durch den Damm gelegten, am besten aus Bohlen gefugten oder aus eben genanntem Material hergestellten Rinne, welche an dem oberen, d. h. dem Teiche zugekehrten Ende ein Kniestück trägt, das nur drei Wände, eine Rücken- und zwei Seitenwände, besitzt, während die vordere Seite durch schmale, in Falzen laufende Bretter beliebig hoch eingesetzt werden kann. Je nach der Zahl dieser Bretter, über deren oberstes das Wasser aus dem Teich in den Schacht des Mönches fällt, richtet sich die Höhe, bis zu welcher der Teich anstaut. Um das Entweichen von Fischen zu verhindern, setzt man auf das oberste Staubrett ein Gitter; um unbefugtes Verstellen der Bretter zu verhindern, wird der Mönch soweit in den Teich hineingebaut, daß man vom Damm aus nur mit Hilfe eines angelegten Laufbrettes den Mönch erreichen kann.

Häufig schließen die Staubretter eines Mönches nicht ganz dicht und lassen durch die Fugen Wasser entweichen, ein Mißstand, dem leicht dadurch abzuhelfen ist, daß man vor dem Mönch bis zur Höhe der Staubretter Sand anschüttet, der beim Ablassen entfernt wird.

Die sonstigen Ablaßvorrichtungen bestehen aus Röhren, die mit einer Klappe oder durch einen Spund oder Zapfen verschlossen werden und nur dazu dienen können, einen Teich abzulassen, die aber nicht eine Regulierung des Wasserstandes ermöglichen. Meist sind sie, um eine Führung für die zum Zapfen oder zu der Klappe führende Stange zu haben, im Teiche von einem Holzgerüst überbaut und heißen dann Zapfenhäuser.

Alle durch den Damm geführten Rohrleitungen müssen sehr sorgfältig eingebettet, am besten auf ein Tonlager verlegt sein.

Um beim Ablassen des Teiches ein Entweichen der Fische während des Ausschaltens von Staubrettern, des Reinigens der Gitter von anschwimmenden Blättern und

Algen zu verhindern, oder vielmehr um die Entwichenen aufzufangen, empfiehlt es sich, unterhalb der Abflußrinne ein den Abflußgraben sicher abschließendes Gitter einzusetzen; ein Verfahren, durch welches viel Arbeit und Ärger erspart wird.

Ebenso wichtig wie der Abfluß eines Teiches ist die Zuleitung des Speisewassers. Es war bereits gesagt, daß der Bach kurz vor dem Teich sich in Zuflußgraben und Wildgerinne teilt.

Dieses Wildgerinne ist oberhalb des Teiches an der Stelle seiner Abzweigung durch eine verstellbare Stauvorrichtung nach Belieben in Funktion zu setzen, derart, daß nur eine ganz bestimmte Menge Wasser dem Teiche zufließt. Ist der Bach von Fischen bevölkert, welche von dem Teiche ferngehalten werden sollen, so sind besondere Rechen an dieser Stauvorrichtung anzubringen, welche mit Sicherheit das Eindringen fremder Fische, etwa Hechte, in den Teich verhindern müssen. —

Für den Fischereibetrieb genügt, je nach den erstrebten Zielen, nur ein Teich, oder es ist eine größere Anzahl derselben nötig.

Die biologischen Eigenschaften des Teiches sind für das Gedeihen der darin zu züchtenden Fische von großer Bedeutung. Im allgemeinen wird ein Teich den Fischen dieselben Lebensbedingungen darbieten wie ein See, denn seine Bewohner finden in ihm Wohnung, Weide- und Brutplätze wie in dem letzteren. Die Teichwirtschaft hat aber in der Neuzeit, gestützt auf die reichen Erfahrungen der Praxis, auf die wichtigen Ergebnisse planmäßiger Untersuchung und zielbewußter Forschung einen außerordentlichen Aufschwung genommen, so daß sich hinsichtlich der den Fischen gebotenen Existenzbedingungen der Teich doch gar sehr von dem See unterscheidet, selbst wenn beide auch in ihren wesentlichen Eigenschaften übereinstimmen.

Die chemisch-physikalischen Eigenschaften des Teichwassers kann der Mensch allerdings wenig beeinflussen, nachdem die Teichanlage einmal geschaffen ist; ihr Studium, ihre richtige Bewertung und Berücksichtigung gehört zu den der Anlage zu Grunde liegenden Vorarbeiten. Da können Quellen und Niederschlagsgebiete erschlossen, Bäche mit brauchbarem Wasser herangeführt werden, während man etwa stark eisen- oder kohlensäurehaltige Quellen abfängt und durch Ableitung unschädlich macht. Den Sauerstoffgehalt des Wassers sucht man, zumal im Flachlande, wo wenig oder kaum nennenswertes Gefälle vorhanden ist, durch kleine künstliche Wasserfälle, durch Verteilen des Wassers in einzelne Strahlen anzureichern, indem man am Einfluß des Teiches Vorrichtungen anbringt, wie Brausen, Schöpfräder u. a., welche das Wasser verspritzen und bei seinem oft nur wenige Zentimeter hohen Fall durch die Luft weit inniger mit dieser mischen, als wenn dasselbe in einem starken Strahl oder Strom eintreten würde.

Auch im Teiche unterscheiden wir die Bodenflora und Bodenfauna von jenen des Ufers und vom Plankton.

Die Lebewesen des Wassers werden in den einzelnen Teichen eigenartig zusammengesetzte, von den physikalischen Verhältnissen abhängige Gemeinschaften bilden und durch ihr Auftreten dem Teich einen gewissen Charakter verleihen. Einzelne Gruppen derselben werden vorherrschen, andere zurücktreten, zeitweise verschwinden, viele überhaupt nicht zu finden sein, die in anderen Teichen massenhaft vorkommen.

In dieser Gesellschaft sind die Fische zu leben gezwungen. Je nach ihren mannigfachen Lebensgewohnheiten und ihrem verschiedenen Alter werden in der Gesellschaft Freund und Feind vertreten sein. Die letzteren, ihre Feinde, werden den Fischen vornehmlich in ihrer ersten Jugend im zartesten Alter nachstellen, sie als Beute erhaschen und verzehren, wenn auch nicht unbeachtet bleiben darf, daß auch ältere Fische vielen Feinden, seien es größere Räuber, wie Raubfische, Reiher, Otter und andere, oder die winzigen Krankheitserreger aus der Gruppe der Pilze zum Opfer fallen. Die andere Gruppe von Lebewesen dient vielen Fischen als Nahrung, welche je nach der Wahl derselben als Grünweidefische, Planktonfresser und Allesfresser unterschieden worden sind.

Von den Lebewesen des Wassers, zumal von den kleinsten, sind die Fische also abhängig. Bei reichlich vorhandenen Mengen derselben, soweit sie ihnen als Nahrung dienen, bei gleichzeitiger Abwesenheit ihrer Nahrungskonkurrenten oder solcher Lebewesen, die ihre Bewegungsfreiheit hemmen, wie starke Algenwucherungen u. dgl., werden die Fische gedeihen, rasch heranwachsen, gesund und kräftig sein.

Der Fischzüchter und Teichwirt muß daher sich stets ein klares Bild von dem Wesen dieser kleinen Lebewelt machen. Von ihrer Menge hängt der Ertrag seines Teiches ab.

Hat der Teichwirt dieses erkannt, hat er sich klar gemacht, daß die Fische, die er in den Teich setzt, alle satt werden müssen, daß sie alles vorhandene Futter, d. h.

die Kleinfauna des Teiches, auch möglichst aufbrauchen sollen, dann muß er die Größe des Nahrungsvorrates seines Teiches, d. h. seine Leistungsfähigkeit, seine Produktivität zu erkennen suchen. Dies kann auf zweierlei Art geschehen, einmal durch planmäßige, wissenschaftliche Untersuchung, dann aber auch durch die gesammelte Erfahrung.

Jeder Teichwirt, der einige Jahre hindurch einen Teich bewirtschaftet hat, wird durch einen mehr oder minder starken Besatz desselben in Erfahrung gebracht haben, wieviel Fische er einsetzen muß, um nach einer bestimmten Zeit beim Abfischen Fische von der gewünschten Größe zu erzielen. Setzt er mehr Fische ein, dann bleiben dieselben im Durchschnitt kleiner, setzt er weniger ein, dann werden sie stärker. Setzt er noch weniger ein, dann wird er erfahren müssen, daß die Fische doch nicht in dem erhofften Maße zugenommen haben, daß vielmehr ihre Größe und ihr Gewicht hinter den Erwartungen zurückgeblieben ist.

Diese Tatsache läßt sich leicht durch folgende Betrachtung erklären. Die Gesamtmenge der von einem Teich im Laufe eines gewissen Zeitabschnittes erzeugte Menge von kleinen Lebewesen ist seine Produktivität. Dieselbe ist von der Beschaffenheit des Teiches abhängig, also für alle Teiche verschieden. Diese Produktivität des Teiches, seine Nährkraft, soll verwendet werden als Fischfutter.

Die Nahrung, welche ein Tier zu sich nimmt, wird verbraucht zur Erhaltung des Tieres auf dem status quo, bei jungen Tieren zum Heranwachsen, bei älteren zur Arbeitsleistung oder zum Fettwerden.

Mit einer gewissen Futtermenge kann man daher

eine bestimmte Anzahl Tiere heranwachsen lassen; bestimmt man die Zahl dieser Tiere zu klein, dann können sie nicht alles Futter verarbeiten, ein Teil desselben bleibt unbenutzt; verteilt man dieselbe Futtermenge auf zu viele Tiere, dann erhält keins derselben die genügende Menge, es wird wohl am Leben bleiben, auch noch wachsen, aber sehr langsam, mager und schwächlich sein, auch leicht von Krankheit befallen werden.

Wählt man die Zahl der Tiere aber so, daß alles Futter verzehrt wird, daß jedes Individuum aber reichlich genug bekommt, dann hat man die ausgiebigste Verwendung des vorhandenen Futters erreicht. Dann werden alle Tiere ein möglichst großes Wachstum aufweisen, ohne Verschwendung von Futter. Der erreichte Zuwachs ist also abhängig von der Produktivität des Teiches und der Besatzstärke.

Außer durch die Erfahrung kann man die Produktivität eines Teiches auf direkte Untersuchung finden.

Die hierbei angewandte Methode richtet sich vornehmlich auf die Bestimmung der im Wasser schwebenden Lebewesen, des Planktons. Sie berücksichtigt nicht die Bewohner der Uferregion. Trotzdem hat sie einen großen Wert, und ihre Ergebnisse genügen für die Bestimmung der Besatzstärke. Die Erfahrung lehrt, daß die Lebewesen des Planktons sich vorzugsweise und besonders massenhaft an den von Pflanzen freien Stellen finden. Hier allein kann man die Messungen vornehmen. Dort aber, wo Krautwuchs aller Art, Schilf, Rohr u. a. m. wuchert, wird die pelagische Fauna weit ärmer sein, dort tritt dafür die Kleintier- und Pflanzenwelt der Uferregion hinzu, welche nicht vernachlässigt werden darf, zu deren Berechnung aber bis jetzt noch keine Schritte getan sind.

Die Beobachtung am Karpfenteich wird die Richtigkeit dieser Darstellung beweisen. Der Karpfen frißt Plankton in großen Mengen, ebenso gerne aber treibt er sich zwischen Schilf und Rohr umher, laut schmatzend die an den Stengeln der Wasserpflanzen hängenden Würmer, Egel, Planarien, Schneckeneier, Algen mit ihren unzähligen Bewohnern von freischwimmenden Infusorien und zumal festsitzenden Formen, Vorticellen, Rädertiere u. a. abweidend.

Die Messungen des Planktons geschehen mit besonderen Apparaten. Sie beziehen sich nicht nur auf die Menge, sondern auf die Zusammensetzung desselben, weil von der letzteren die Nährkraft insofern abhängig ist, als gewisse Algen, Diatomeen und andere als wertloses Plankton, mit minimalem Nährwert von dem wertvollen, aus kleinen Krebsen und Rädertieren gebildetem Plankton unterschieden werden muß.

Planktonnetze sind kleine Netze, die ins Wasser gelassen oder ausgeworfen und dann herangezogen werden. Sie besitzen eine obere Öffnung in festem Reif von 20 cm Durchmesser, sind etwa ½ m lang und verjüngen sich kegelförmig. In dem Netzzipfel ist ein Sammelbehälter aus Messing gut befestigt, welcher bei einfachen Netzen in einen durch Quetschhahn verschließbaren, kurzen Gummischlauch endet; durch diesen kann der Netzinhalt in ein Glas abgelassen werden.

Andere Netze gehen in einen größeren Sammelzylinder über, der mit einem besonderen Hahn versehen ist.

Der Netzbeutel soll die mikroskopisch kleinen Lebewesen zurückhalten, das Wasser aber leicht durchlassen, deshalb wird er aus seidener Müllergaze gefertigt. Billiger ist Seidengaze (das Meter etwa 8—9 Mark), noch wohlfeiler Nesseltuch.

Das mit einem solchen Netz in einem kurzen Zuge erbeutete Material wird zur Untersuchung in einen weißen Teller, oder in ein Standgefäß geschüttet.

Das bewegliche tierische Plankton ist leicht von dem unbeweglichen pflanzlichen zu unterscheiden; letzteres zeichnet sich ferner durch seine grüne, braune oder gelbliche Farbe aus; die mikroskopische Untersuchung gibt über die einzelnen Gruppen und Species der Lebewesen Auskunft, den Geübten klärt häufig ein einziger Blick ohne Anwendung weiterer Hilfsmittel auf.

Tierisches Plankton ist als Fischnahrung wertvoll, pflanzliches Plankton meist bedeutungslos, wenn es massenhaft vorkommt unter Umständen sogar schädlich.

Nach der Menge des tierischen Planktons wird daher die Bonitierung der Gewässer vorgenommen, und zwar ausgedrückt nach der Menge des für 1 cbm berechneten Planktons. Dabei ist zu beachten, daß für tiefe Teiche der Planktongehalt geringer ist als für flache, da für die Entwicklung des Planktons die Größe der Bodenfläche und die geringe Tiefe des Gewässers von Vorteil sind.

Auch der Bestand an Fischen ist zu berücksichtigen, da viele Planktonfresser stets gewaltig unter den Kleintieren aufräumen werden. Man nimmt an, daß

1. Teiche von geringer oder sehr geringer Produktivität einen Gehalt an tierischem Plankton bis zu 5 ccm in je 1 cbm Wasser oder bis zu 50 l auf je 1 ha Wasserfläche haben, bei einer durchschnittlichen Tiefe von 1 m;

2. Teiche von mittlerer Produktivität einen Planktongehalt von 5—15 ccm bezw. von 50—150 l;
3. Teiche von guter Produktivität einen solchen von 15—50 ccm tierischem Plankton in je 1 cbm Wasser oder 150—500 l auf je 1 ha Wasserfläche enthalten.

Im Walde gelegene Teiche sind im allgemeinen an Plankton arm, Feldteiche sind reicher; außerordentliche Mengen der Kleintierfauna beherbergen die Dorfteiche, welchen deshalb die größte Fruchtbarkeit unter allen Gewässern zukommt.

Die Kenntnis der Eigenschaften eines Teiches, welche seine größere oder geringere Produktivität bedingen, ermöglichen seine zweckmäßige Verwendung im Betrieb der Teichwirtschaft. Der eine Teich eignet sich zur Aufzucht junger Fische, der andere zum Mästen einer marktfähigen Ware, ein dritter wird nur zum Überwintern der Fische benutzt.

Auch die Fortpflanzung findet, wenigstens bei den Cypriniden, in bestimmten Teichen statt.

2. Karpfenwirtschaft.

Der Karpfen, Cyprinus carpio L., besitzt einen mäßig zusammengedrückten Körper, welcher mit großen Schuppen in regelmäßiger Anordnung bedeckt ist. Die durchbohrten Schuppen, welche in den Seiten eines jeden Fisches in charakteristischer Anordnung stehen, bilden beim Karpfen eine vollständige, fast gerade verlaufende Seitenlinie. Die Färbung ist nicht stets die gleiche; sie variiert je nach der Beschaffenheit des Heimatgewässers, ist oben schwarzblau oder schwärzlichbraun, in den Seiten messing- oder ledergelb, an Bauch und Lippen gelblich. Von oben gesehen erscheint der Karpfen im Wasser oft graublau, in manchen Teichen werden sie sehr blaß, fast weißlich-grau, nur mit wenig Messingschimmer. Auch die Farbe der Flossen ist bald intensiver, bald schwächer rötlich oder gelblich-violett, nur die Rückenflosse ist schwärzlichgrau.

Zur Laichzeit trägt das Männchen an der oberen Körperhälfte, sowie an den Brustflossen weiße, warzenartige Knötchen, welche bei vielen Cypriniden zur Fortpflanzungszeit als sekundäre Geschlechtscharaktere auftreten und nach der Laichperiode wieder abfallen. Das endständige Maul ist von 4 Bartfäden umstellt. Die Bauchflosse steht unter dem Vorderrand der Rückenflosse. Diese ist lang, zählt 3—4 stachelige und 17—22 weiche Strahlen. Die Schwanzflosse ist gleichlappig tief ausgeschnitten und an den Spitzen abgerundet. Die Afterflosse ist kurz und besitzt 3 Stachel- und 5—6 Weichstrahlen. Bekanntlich tragen die karpfenartigen Fische jederseits an den Schlundknochen eine Reihe Zähne, welche nach Gestalt und Anordnung als Diagnose bei der systematischen Bestimmung dieser oft schwer zu unterscheidenden Fischgruppe sehr gute Merkmale bieten. Die Schlundzähne des Karpfen sind nach der Formel 1.1.3—3.1.1 angeordnet, d. h. sie stehen in 3 Längsreihen, von welchen jederseits die beiden äußeren aus je einem, die innersten Reihen aus je drei Zähnen gebildet werden; diese sind groß rundlich, mehrfach gefurcht, jene ebenso gestaltet, aber viel kleiner. Den Schlundzähnen gegenüber am Gaumen liegt eine hornig-knorpelige Platte, der sogenannte Karpfenstein. Der wildlebende Karpfen wird gewöhnlich 40—50 cm lang und dann bis 3 kg schwer. Sehr alte Exemplare erreichen ein weit höheres Gewicht bei einer Länge von über 1 m.

In der Freiheit finden sich unter den normal beschuppten Karpfen selten solche, die sich durch einen eigentümlichen Mangel an Schuppen auszeichnen. Sie fehlen entweder sämtlich, oder nur stellenweise, indem jene in der Nähe der Rückenkante und die der Seitenlinie vorhanden sind und dazwischen noch einzelne, aber recht große Schuppen unregelmäßig zerstreut stehen. Die schuppenlosen Exemplare mit etwas derberer Haut heißen Lederkarpfen, die letzteren werden Spiegelkarpfen genannt, beide im Gegensatz zum normal beschuppten Schuppenkarpfen.

In Teichen werden alle drei Formen gezüchtet, in manchen Gegenden ist die eine allein beliebt, während die anderen nur schwer vom Händler untergebracht werden.

Die Urheimat des Karpfen sind die Stromgebiete des Schwarzen und Kaspischen Meeres. Dort lernten ihn bereits die Römer kennen und schätzen, sie zögerten nicht, ihn nach Italien zu bringen, von wo aus er bald über Südeuropa verbreitet wurde. Man hielt ihn in Teichen, wo er sich stark vermehrte, trefflich gedieh und ein ebenso schmackhaftes Fleisch erwarb, wie in seiner Heimat. Im Mittelalter hielt seine Verbreitung über Europa Schritt mit der Anlage von Klöstern, denn er war es, den man in den zahlreichen Klosterteichen einsetzte. In der zweiten Hälfte des 19. Jahrhunderts hat man ihn nach dem amerikanischen Kontinent übergeführt, wo er sich leicht einbürgern ließ und vortrefflich gedeihen soll.

Der Karpfen ist ein gesellig lebender Friedfisch, der in stehendem oder nicht sehr stark fließendem Wasser seinen Aufenthalt nimmt. Er liebt flache, pflanzenreiche Stellen mit lehmig-schlammigem Grunde, in welchen sich das Wasser schon zeitig im Frühjahr stark anwärmt.

Dort laicht er bereits im Mai, während an weniger günstigen Orten das Fortpflanzungsgeschäft sich bis spät in den Sommer hinzieht. Das Weibchen zieht, gewöhnlich von mehreren Männchen begleitet, am Ufer hin, um meist in früher Morgenstunde seine Eier unter starkem Plätschern und Schlagen, ein lautes Geräusch verursachend, abzulegen. Diese Eier, nur wenig über 1 mm Durchmesser haltend, sind perlfarben, leicht gelblich, und werden an die Pflanzen des Ufers, Rohr, Schilf, Grashalme, eingefallenes Reisig, eingelegten Wacholderstrauch abgelegt, wo sie einzeln, also jedes für sich, kleben bleiben. Meist dauert die Eiablage des Weibchens, welches 300 000 Eier, ja das Doppelte dieser Menge bei sich trägt, wenige Tage; es können aber auch einige Wochen vergehen, bis alle Eier gelegt sind.

Die Entwicklung der Eier verläuft sehr rasch; bereits nach 8 Tagen sind die jungen Fischchen ausgebildet und verlassen als etwa 5 mm lange, glashell durchsichtige Geschöpfe die Eihüllen.

Lange Jahre hindurch hatte man sich keine Rechenschaft über die Lebensweise des Karpfen gegeben, man wußte wohl, er sei kein Raubfisch, sondern lebe friedlich mit seinesgleichen und andern Grünweidefischen zusammen, indem er sich von toten und lebenden vegetabilischen Stoffen und kleinem Getier aller Art ernähre. Es ist eine Errungenschaft des letzten Decenniums des zu Ende gegangenen Jahrhunderts, die Ernährungsweise des Karpfens durch sorgfältiges Studium genau erkannt zu haben.

Wir wissen, er ist ein Kleintierfresser, für den die Lebewesen des Planktons und der Uferfauna von großer

Bedeutung sind. Gerade deshalb ist auch die Bonitierung der Teiche, die Abschätzung ihrer Nährkraft durch Planktonbestimmungen so wichtig, weil wir auf Grund derselben die Stärke des Teichbesatzes regeln. Bei reichlicher Nahrung und sonstigen günstigen Lebensbedingungen wächst der Karpfen rasch, unter ungünstigen Verhältnissen nimmt er nur sehr langsam zu.

Das gesetzliche Mindestmaß des Karpfens beträgt meist 28 cm, in Sachsen und Bremen 20 cm, in Württemberg, Baden, der Pfalz, Unterfranken, Schwaben und Neuburg, Lothringen und Elsaß 25 cm, in Oberpfalz und Oberfranken 30 cm, während in Oberbayern, Niederbayern und Mittelfranken kein Mindestmaß vorgeschrieben ist.

Selbstverständlich fällt aber der Handel und Versand untermaßiger, zum Aussetzen in Teiche oder Flüsse bestimmter Karpfen nicht unter diese Bestimmung. Soweit der Karpfen in nicht geschlossenen Gewässern lebt, genießt er während der Laichperiode in den süddeutschen Staaten eine kurze Schonzeit (Mai und Juni), in welcher sein Fang und Verkauf verboten ist.

Die in den Handel gebrachten Karpfen weichen in ihrer Gestalt sehr wesentlich voneinander ab. Denn wie in der landwirtschaftlichen Tierzucht werden auch vom Karpfenzüchter nur Laichkarpfen mit besonders guten, d. h. den Zwecken des Züchters entsprechenden Eigenschaften zur Nachzucht verwendet, so daß sich im Laufe einiger Jahre verschiedene Rassen entwickelt haben. Unter diesen sind drei Typen zu unterscheiden: der hochrückige, der breitrückige und der alte primitive Typus. Die beiden ersten könnte man als Kulturtypen dem letzteren gegenüberstellen. In jedem Typus kann wiederum ein gedrungener und ein gestreckter Schlag unterschieden werden, welche durch das Verhältnis von Höhe zur Länge des Körpers charakterisiert werden. Jeder Schlag besteht nun aus verschiedenen Rassen, die man nach ihrer alten Heimat als Lausitzer, galizische, böhmische, fränkische und alte deutsche Rasse benennt. In jeder Rasse wird von den einzelnen Züchtern ein besonderer, als wertvoll angesehener Stamm gezüchtet, so daß wir in den Typen verschiedene Schläge, in diesen Rassen und Stämme unterscheiden:

Hier einige Beispiele:

Der in Quolsdorf gezüchtete Karpfen bildet den
Quolsdorfer Stamm, der
Lausitzer Rasse, gehörig zum
Gedrungenen Schlag und zum
Flachrückigen Typus.
Verhältnis von Höhe zur Länge 1:2,80.

Der in Wittingau gezüchtete Karpfen bildet den
Wittingauer Stamm, der
Böhmischen Rasse, gehörig zum
Gedrungenen Schlag, des
Flachrückigen Typus.
Verhältnis von Höhe zur Länge 1:2,80.

Der in Sandau bei Landsberg am Lech gezüchtete Karpfen bildet den
Sandauer Stamm der
Aischgründer Rasse, gehörig zum
Gedrungenen Schlag des
Hochrückigen Typus.
Verhältnis von Höhe zur Länge 1:2,05

Der in Berneuchen gezüchtete Karpfen bildet den
Berneuchener Stamm einer
Kreuzungsrasse, gehörig zum
Gestreckten Schlag des
Hochrückigen Typus.
Verhältnis von Höhe zur Länge 1:2,55.

Der Flußkarpfen bildet einen nach dem heimatlichen Flußgebiet zu bezeichnenden Stamm der
Landrasse, gehörig zum
Gestreckten Schlag des
Flachrückigen Typus.
Verhältnis von Höhe zur Länge 1:3,20.

Solche Karpfenrassen mit ihren zahlreichen Stämmen sind das Ergebnis zielbewußter, durch künstliche Auswahl der Muttertiere ausgeführter Züchtung. Um einen solchen Stamm in der ihm eigenen, ihn wertvoll machenden Eigentümlichkeit zu erhalten, bedarf es der peinlichsten Sorgfalt des Züchters, der alle Individuen von der Fortpflanzung ausschließen wird, welche hinsichtlich ihres Baues und ihrer Wachstumsleistung den zu stellenden Anforderungen nicht ganz entsprechen.

Frohwüchsige Rassen wachsen in einem Sommer unter günstigen Lebensbedingungen sehr stark; werden sie gezwungen, in unpassendem Wasser, unter Nahrungsmangel, bei niederer Temperatur und starkem Durchfluß zu leben, so bleiben diese Fische außerordentlich im Wachstum zurück. Daher kommt es, daß man aus der Größe eines Karpfen sein Alter ohne weiteres nicht mit Sicherheit ansprechen kann. Seine Schuppen aber, Bildungen der Haut, die nicht wie die Haare und Federn gewechselt werden, sondern zeitlebens bleiben und deshalb im Laufe der Zeit größer werden, besitzen infolge des in regelmäßigen Perioden stärkeren und schwächeren Wachstums eine besondere Struktur, welche zur Altersbestimmung verwendet werden kann. Jede Schuppe steckt in einer Hauttasche, aus welcher allein das Hinterende derselben frei hervorsteht, während der bei weitem größere Teil der Schuppe von den benachbarten Schuppen seitlich und vorn bedeckt wird. Die unregelmäßig viereckige Karpfenschuppe zerfällt in 4 Felder, jedes etwa von Dreieckform, die benachbarten haben je 1 Seite gemeinsam (im Viereck etwa diagonal verlaufend), mit den Spitzen stoßen sie zusammen; diese Dreiecke werden als Vorder-, Hinter- und Seitenfelder unterschieden. Während das frei zu Tage liegende Hinterfeld eine eigentümliche, besondere Struktur zeigt, stimmen die Seitenfelder mit dem Vorderfeld darin überein, daß sie eine dem Außenrande parallele, konzentrische, jedoch nicht stets regelmäßige, sehr feine Streifung zeigen, welche in gewissen Zonen dichter, in anderen Zonen lockerer und verworrener erscheint. Durch genaues Studium hat man gefunden, daß die Zahl dieser Zonen den Lebensjahren des Karpfen entspricht, daß also ein am Ende des zweiten Lebensjahres — oder richtiger gesagt am Schluß der Wachstumsperiode dieses Jahres — stehender Karpfen zwei solcher Zonen in der Schuppe zeigt, welche je am äußeren Rande durch engere und regelmäßigere Anordnung der Streifung dunkler erscheint. Man darf nun nicht glauben, daß jede Schuppe diese Merkmale scharf ausgeprägt zeige; vielmehr muß man berücksichtigen, daß sehr häufig die Schuppen unregelmäßig ausgebildet sind, innerhalb der Jahresfelder dunkle Pseudoringe erkennen lassen, welche ein höheres Lebensalter vortäuschen. Die für den Praktiker sich daraus ergebenden Regeln: Verwendung zahlreicher, möglichst regelmäßig gebauter Schuppen zur Altersbestimmung, Benutzung eines brauchbaren Vergleichsmaterials, große Übung zur Erlangung eines eigenen kritischen Urteils, liegen auf der Hand und bedürfen hier keiner weiteren Erörterung.

Die Karpfenzucht wird zur Zeit allgemein nach folgenden Grundsätzen ausgeführt.

Während man früher in Deutschland die Karpfen in einem Teich, dem Laichteich, laichen ließ, die später ausgefischte Brut in Streckteiche setzte, in welchem sie sich strecken, d. h. wachsen sollte, und dann in Abwachsteiche, in welchen sie zu marktfähiger Ware wurden, hat man jetzt das alte steiermärkische Verfahren nach dem Vorbild des oberschlesischen Teichwärters Dubisch wieder aufgenommen und wohl allgemein durchgeführt. Susta gab die biologische Erklärung, indem er die Ernährungsweise des Karpfen erforschte.

Die kleinen Laichteiche — mit einem Wasserstande von 0,20 m am Ufer, und durchzogen von einem Netz tieferer Gräben — werden im Mai gespannt. Zu- oder Abfluß findet in denselben nicht statt. Die Temperatur des stehenden Wassers wird infolge des von der Sonne vorher durchwärmten Teichgrundes bedeutend steigen, und die Kleintierfauna wird sich rasch und reichlich entwickeln. Nach etwa 8 Tagen werden die Laichkarpfen, auch Streicher genannt, eingesetzt. Dies sind Karpfen im Alter von 5—6 Jahren, welche die vom Züchter gewünschten Eigentümlichkeiten und Vorzüge in hohem Maße besitzen; sie seien nicht unter 4, nicht über 6 Pfd. schwer, und sollen nur einmal zur Zucht benutzt werden. Über Winter hatte man sie, nach Geschlechtern getrennt, in Hältern gehalten und bringt sie jetzt in den Laichteich, und zwar 2 Rogener und 1 Milchner, oder 3 Rogener und 2 Milchner. Diese 3 bezw. 5 Karpfen nennt man einen Strich. Sie werden sehr bald in dem warmen Wasser laichen. Sollte dies nicht der Fall sein, dann muß nach einigen Tagen ein in Reserve gehaltener Strich zugesetzt werden.

Aus den an allen Grashalmen des Teiches angeklebten Eiern kommt nach 5—8 Tagen die junge Brut hervor, schwimmt lebhaft umher und nährt sich von der winzigsten Mikrofauna des Laichteiches. Wenn diese auch infolge der rechtzeitigen Spannung des Teiches sehr reich sein mag, so genügt ihre Menge doch nur für kurze Zeit den nach Hunderttausenden zählenden Fischchen. Wollte man diese ihrem Schicksal überlassen, so würde ein großer Teil verhungern, andere aber ihren Feinden zum Opfer fallen, und nur ein sehr geringer Bruchteil sich kräftig entwickeln. In dem frisch gespannten Teich beginnt nämlich auch die Insektenfauna wieder zu neuem Leben zu erwachen, Fliegen-, Libellen- und Wasserkäferlarven, Rückenschwimmer, Wasserskorpione und viele andere beginnen sich zu entwickeln, oder aus ihren Verstecken hervorzukommen. Solange sie selbst noch klein sind, schaden sie den Fischchen nicht, aber sie wachsen rasch und fallen dann die noch kleine Karpfenbrut an.

Drohender Nahrungsmangel und die Furcht vor Feinden veranlassen uns, die Brut, nach Dubisch's Vorgang, in andere Teiche zu bringen. Mit Hilfe großer, flacher Gazekäscher wird die Brut ausgefischt, in Bottichen vom Netz abgespült, ihrer Zahl nach ungefähr geschätzt und in andere Teiche der eigenen Wirtschaft gebracht oder verkauft, denn die winzigen Fischchen vertragen den Transport sehr gut. Der zweite Teich, welcher der Brut jetzt Wohnung und Nahrung bieten soll, der Brutstreckteich, ist auch erst vor einer kurzen Zeit gespannt worden, man hat dabei auch darauf geachtet, daß mit dem zufließenden Wasser Schädlinge nicht eingeführt, sondern durch ein passendes Sieb zurückgehalten wurden. Er ist also ebenso behandelt worden, wie der Laichteich, und bietet für einen nun folgenden Zeitabschnitt einem gewissen Teil der erzogenen Brut Nahrung. Um alle Brut zu versetzen, bedarf es mehrerer Brutstreckteiche; sind diese nicht vorhanden, dann wird der Überschuß an Fischen verkauft oder in warme Bäche des Flachlandes ausgesetzt, wo ein, wenn auch nur kleiner Teil den Kampf ums Dasein siegreich überstehen mag.

Mit großem Erfolg werden nach diesen Brutstreckteichen erster Ordnung solche zweiter und dritter Ordnung von etwa vier zu vier Wochen mit denselben Fischen besetzt, wenn die Nahrungsvorräte der ersten Teiche aufgebraucht sind. Die Besatzstärke berechnet sich natürlich nach der Nährkraft des Teiches, seiner Größe und nach dem Alter der Fische. Nicht benutzte Teiche werden ganz abgelassen und stehen trocken.

Der Karpfen frißt stark und wächst noch in dem Monat September, dann läßt die Nahrungsaufnahme nach, das Wachstum hört auf. Der Karpfen hat nunmehr den im ersten Sommer erreichbaren Zuwachs aufzuweisen und tritt mit ihm nach der Winterruhe auch in den zweiten Sommer über; man bezeichnet ihn als „einsömmerig". Wie alle älteren Karpfen werden die einsömmerigen über Winter in einem gegen die Gefahr des Ausfrierens sicheren Teich

(Überwinterungsteich) gehalten. In demselben sei starker Wasserdurchfluß; Eisnutzung finde in keiner Weise statt, um die Fische nicht zu stören. In milden Wintern, wie jener 1901/2, bleiben die Karpfen munter, ohne zur Winterruhe sich an passender Stelle zu sammeln.

Vom Frühjahr des zweiten Lebensjahres ab ist der Karpfen zweisömmerig; je nach den ihm gewährten Lebensbedingungen wird er im Herst ein mehr oder minder hohes Körpergewicht zeigen. Dasselbe schwankt etwa zwischen ½ und 1½ Pfd., womit die höchste Grenze noch nicht erreicht ist. Der zweisömmerige Karpfen wird nach seiner zweiten Überwinterung in die Abwachsteiche gebracht, die je nach dem in der Wirtschaft bevorzugten Umtrieb nach 1 oder 2 Jahren abgefischt werden. Das Gewicht der marktfähigen Ware ist verschieden. Sehr beliebt sind in gewissen Gegenden zweipfündige Karpfen, anderwärts werden drei- und vierpfündige bevorzugt. Der Teichwirt muß sich bezüglich des zu erzielenden Gewichtes der Speisefische nach den Wünschen des Publikums richten, wenn er nicht von der Konkurrenz verdrängt werden will. Nur sehr schwer läßt sich die Ansicht und Meinung der Käufer bekehren!

Diese Methode der Karpfenzucht ist in ihrer Gesamtheit erfolgreich durchführbar nur in großen Teichwirtschaften, welchen genügende Wasserflächen zur Verfügung stehen. Solche erzielen Brut und züchten einsömmerige, auch zweisömmerige Karpfen, sowie ältere Speisefische. Da erstere in überaus reichen Mengen auf kleiner Fläche leicht zu haben ist, genügt die Produktion verhältnismäßig weniger für die Zucht eingerichteter Teichwirtschaften zur Versorgung der für Karpfen geeigneten heimischen Gewässer. Der Großbetrieb liefert die Massen Karpfen, welche der kleinere Teichwirt kauft und in seinem nur als Abwachsteiche eingerichteten Wassern in einem oder zwei Sommern heranwachsen läßt. Die neuzeitlichen Bestrebungen zur Hebung der Karpfenzucht beziehen sich auch auf diesen Zweig der Teichwirtschaft. Bereits läßt sich die erfreuliche Tatsache feststellen, daß der Kleinbesitz an Karpfenteichen in steter Zunahme begriffen ist. In manchen Gegenden Bayerns haben sich die Kleinteichwirte sogar zu Betriebsgenossenschaften zusammengetan, wodurch sie gewisser Vorteile teilhaftig werden in Hinsicht auf die gemeinsame Arbeit und Beaufsichtigung, gemeinsamen Einkauf der Besatzfische und Verwertung der Produktion, soweit sie nicht in der eigenen Wirtschaft des Einzelnen verbraucht wird.

Wenn auch das Hauptziel der Karpfenwirtschaft die Zucht von Speisefischen sein muß, so werden die Verhältnisse im kleinen Besitz oft so liegen, daß dasselbe aus Mangel an brauchbarem Wasser nicht erreicht werden kann. Trotzdem ist es möglich, selbst ganz kleine Feldtümpel und Dorfteiche wirtschaftlich auszunützen, wenn dieselben im April mit einsömmerigen Karpfen besetzt und im November abgefischt werden. Sie liefern unter Umständen über Erwarten große zweisömmerige Karpfen, welche in Seen auszusetzen sind, wenn sie auch dort später nicht so leicht und mit Sicherheit gefangen werden als im Teich. Aus letzterem erhält man die Karpfen bis auf den letzten Fisch beim Ablassen, in den Seen müssen sie mit dem großen Zugnetz gefischt werden.

Wo passende Gelegenheit sich bietet, kann der Karpfen im Staaknetz gefangen werden. So schwer und unbeholfen, so ruhig und widerstandsfähig er ist, im Gegensatz zu der zappelnden, außerordentlich empfindlichen und zarten

Forelle, so gewandt ist er im Vermeiden jeder Gefahr. Ich besaß einen kleinen, mit 100 zweipfündigen Karpfen besetzten Teich, dessen schlammiger Untergrund die Anlage der vorschriftsmäßig zu ziehenden Gräben nicht gestattete. Beim Ablassen blieb daher ein etwa ½ m tiefer Wassertümpel stehen, in welchen sich die Karpfen zum Teil gerettet hatten. Erst nach mehrtägiger Arbeit gelang es, alle zu fangen; sie waren sehr gewandt, ließen sich mit den Stiefeln treten, drückten sich fest in den Schlamm und entwischten der Hand und dem Käscher. Die letzten wurden gefangen, als von drei Seiten zugleich eine Treibjagd gemacht wurde. Beim Abfischen eines Dorfteiches, in welchen 50 Karpfen eingesetzt waren, beobachtete ich vor dem Sack des Zugnetzes plötzlich ein Wirbeln im Wasser, die Fische waren also vor dem Sack. Gespannt warteten alle auf das Ergebnis. Große Enttäuschung: 1 Karpfen war im Netz, die anderen waren alle durch ein handgroßes Loch im einen Flügel des Netzes entwischt, das durch Hängenbleiben des kleinen Zeuges an einem großen Steine gleich bei Beginn des Zuges gerissen worden war. Daß der Karpfen über das Netz hinüberspringt, gehört zu den häufigeren Erscheinungen. —

Es würde falsch sein, zu glauben, die Arbeit am Teiche habe nach dem Ablassen ihr Ende erreicht. Wie jedes Ackerland bedarf auch der Teichboden der sorgsamsten Pflege, die ihm nur zu teil werden kann, wenn er nicht von Wasser bedeckt ist.

Wir erfuhren bereits, daß die Laich- und Streckteiche erst kurz vor der Besetzung gespannt und nach dem Ablassen trocken gestellt werden. Sie sind also einen großen Teil des Sommers trocken, sie werden gesömmert und können nicht nur in dieser Zeit landwirtschaftlich genutzt werden, sondern sollen es auch. Die Gräben der Teichsohle führen das Wasser derart ab, daß der Teich so trocken wird, daß er mit irgend einer Sommerfrucht bestellt werden kann; dabei wird der Boden bearbeitet, gewisse für das Pflanzenleben wertvolle, im Teichschlamm angesammelte Stoffe werden genutzt und ihre allzugroße Anhäufung verhindert. Dagegen werden dem Boden die für das Leben der Kleintierfauna nützlichen Stoffe zugeführt oder diese doch erschlossen.

Die zoologische Forschung hat schon vor über 100 Jahren erkannt, daß gewisse Infusorien, Würmer und Krebse das Austrocknen ihres heimatlichen Gewässers nicht nur ertragen, sondern nach einer Trockenperiode in überraschender Zahl und in unerwarteter Vollkommenheit der Einzelindividuen zu neuem Leben erstehen. Die alte Generation war bei eintretendem Wassermangel gestorben, hatte aber vorher Eier gelegt — sogenannte Dauereier, wesentlich verschieden von den gewöhnlich produzierten Eiern. Ersteren kommt die Fähigkeit zu, sich erst nach einer längeren Trockenperiode zu entwickeln, mag dieselbe mit gleichzeitiger Einwirkung der sommerlichen Hitze oder jener der harten Winterkälte verbunden sein.

Hierdurch ist die Erklärung gegeben für den großen Nahrungsreichtum erst kürzlich gespannter Karpfen-Laich- oder Streckteiche, in welchen unter dem Einfluß der Sonnenwärme sich bald die als Dauereier überwinterten Infusorien, Rädertiere, sowie die Menge der kleinen Daphnien und Muschelkrebse in erstaunlicher Zahl zeigen.

Diese *landwirtschaftliche Zwischennutzung*, welche bessernd auf die Bonität eines Teiches einwirkt, ist nicht das einzige Mittel zur Hebung seines Ertrages. Es kann vielmehr an vielen Teichen direkt eine Meliorationsarbeit ausgeführt werden, zumal an versumpften, jahrelang nicht bewirtschafteten Anlagen.

Der trockenliegende Teich ist dem Einfluß der Luft ausgesetzt, Oxydationsvorgänge und manche anderen chemischen Prozesse spielen sich in dem austrocknenden Boden ab.

Während des Trockenliegens bietet sich vorzügliche Gelegenheit, die Sohle des Teiches zu bearbeiten, größere vorhandenen Unebenheiten, die von störendem Einfluß beim Abfischen sein können, auszugleichen, den Boden zu düngen, sei es mit Kompost, Kadavermehl, Mineralstoffen, oder durch Gründüngung. Letztere Methode kommt der vorhin berührten landwirtschaftlichen Zwischennutzung nahe. —

Es ist auch möglich, einen Teich über seine produktiven Kräfte hinaus zu besetzen, nämlich dann, wenn man dem stärkeren Besatz in Form von Futter das liefert, was der Teich nicht mehr zu leisten im stande ist.

Als Futtermittel für Karpfen kommen Fleischfuttermehl, Molkereiabfälle, Seefischeier, Seefischabfälle und vor allem Getreide und Lupine in Betracht. Die letztere geschrotet, ohne weiteres den Karpfen auf den am Grund versenkten Futtertischen gereicht, wird sehr gerne genommen. Die Schalen nicht geschroteter Lupinen werden von den Fischen ausgespieen; gekeimte Lupine hat an Nährkraft verloren.

Über die Zeit der Fütterung, die Menge des täglich dargereichten und die erzielten Resultate liegt ein sehr reiches Erfahrungsmaterial vor, das durch sorgfältig angestellte Fütterungsversuche gewonnen wurde.

Um ein Bild der Größenverhältnisse der einzelnen Teiche einer geordneten Wirtschaft zu geben, seien folgende Zahlen angeführt.

Stehen 544 ha Teichfläche von bekannter Produktivität zur Verfügung, so wird man die Größe des Laichteiches auf 0,1 ha,

jene der Streckteiche 1. Ordnung	zusammen	auf	3,0 „
„ „ „ 2. „	„	„	70,9 „
„ „ „ 3. „	„	„	137,0 „
„ „ Abwachsteiche	„	„	333,0 „

bemessen.

Solange die Produktivität der Teiche noch nicht durch Erfahrungen ausprobiert ist, nimmt man von der Gesamtfläche zu

a) Brutteichen	0,5 %,
b) Brutstreckteichen (1. Ordnung)	9,5 %,
c) Streckteichen (2. u. 3. Ordnung	30,0 %,
d) Abwachsteichen	55,0 %,
e) Überwinterungsteichen	5,0 %.

Andere Größenverhältnisse von Teichen, bei deren Bewirtschaftung Karpfenbrut aus einer größeren Teichwirtschaft gekauft wird, sind folgende:

Streckteich 1. Ordnung	0,25 ha,
„ 2. „	0,50 „
Abwachsteich	1,00 „

Im allgemeinen kann man besetzen den

Abwachsteich pro 1 ha mit 200 Stück dreisömmeriger Karpfen,

Streckteich 2. Ordnung pro 1 ha mit 400 Stück zweisömmeriger Karpfen,

Streckteich 1. Ordnung pro 1 ha mit 800 Stück einsömmeriger Karpfen.

Da die Teiche, wenn sie nach der alten Methode bewirtschaftet wurden, nicht in regelmäßigem Umtrieb trocken lagen, enthielten sie häufig eine größere oder geringere Menge von Beifischen, welche neben den zu züchtenden Karpfen gefangen wurden. Bald waren es ältere Karpfen, die im Jahre vorher dem Netz entgangen, bald war es Karpfenbrut, die wider Erwarten entstanden war. Oder gar fanden sich Karauschen im Karpfenteich, eingeschleppt durch Wasservögel, wenn diese ein mit Eiern behaftetes Wasserschlinggewächs am Ständer von einem See zum Teich hinübergetragen hatten. Diese Fische sind sämtlich Nahrungskonkurrenten des Hauptbesatzes; sie mußten also, indem sie jenen das Futter wegnahmen, den Ertrag des Teiches schmälern.

Nicht nur solche Weißfische fand man in Karpfenteichen, sondern beobachtete auch, daß Hechte in denselben vorzüglich wuchsen und durch ihre Anwesenheit den Karpfen nicht schadeten, ja ihr Wachstum zu steigern schienen.

Der kleinere Hecht als gieriger nimmersatter Räuber verfolgte die eben genannten Karauschen und Karpfenbrut, befreite die Karpfen von diesen Mitessern am selbigen Tisch; ja er hetzte und trieb auch die größeren Karpfen, welche daher nicht mit Ruhe das Laichgeschäft besorgen konnten und, etwa einem verschnittenen Stiere gleich, fett wurden; ja man glaubte auch, er verhindere die Karpfen, sich in den Schlamm einzugraben.

Der Hecht im Karpfenteich, der als steter unruhiger und anregender Geist sprichwörtlich geworden war, gehört jedoch bereits der Vergangenheit an, denn die Karpfenzüchter bewirtschaften ihre Teiche in regelmäßigem Umtrieb. Kein Wasserbecken wird wieder besetzt, bevor es trocken gelegen hätte. Zu- und Abfluß der Karpfenteiche sind gut verschlossen; ältere laichreife Karpfen werden zur Laichzeit nicht mit jüngeren Jahrgängen zusammengebracht, so daß die alte Ansicht über die Aufgabe des Hechtes im Karpfenteich in sich zusammenfällt.

Der Hecht, Esox lucius L., wird in manchen Gegenden auch Schnöck oder Schnuck genannt. Er besitzt eine gestreckte Gestalt, einen flachen, der Bauchkante parallel laufenden Rücken, welche beide gleich plötzlich sich hinten zu dem sogenannten Schwanzstiel verjüngen. Der Kopf ist breit und stumpf, vorn entenschnabelförmig zusammengedrückt. Der vorstehende Unterkiefer schließt das breite Maul, welches bis unter die Augen reicht. Diese sind auffallend hoch gerückt, dicht an der Stirnkante stehend. Große, scharfe Fangzähne sitzen an dem Unterkiefer, nicht minder spitzige, aber kleinere Hechelzähne finden sich an sämtlichen Mundknochen. Weit nach hinten gerückt stehen After- und Rückenflosse übereinander, dicht vor dem Schwanzstiel; die Brustflosse sitzt etwa in der Mitte des Körpers. Kleine, länglich ovale, dünne Schuppen liegen tief in der Haut. Die Seitenlinie ist mehrfach unterbrochen, stellenweise auch doppelt. Die Färbung des Hechtes ist sehr wechselnd, im allgemeinen dem Kolorit der Wasserpflanzen seines Standortes angepaßt: grau- und gelblichgrün, am Rücken dunkelschwarz, an den Seiten mit gelblichen oder goldgelben Flecken. Der weiße Bauch trägt zahlreiche kleine schwarze Pünktchen. Junge Hechte sind grasgrün, werden daher häufig als

Grashechte bezeichnet. Hechtkönige, Bunt- oder Scheckhechte nennt man die mit besonders glänzend goldgelben Flecken gezeichneten Exemplare. Es ist eine allgemein verbreitete Ansicht, die man bei vielen Fischern findet, daß derart etwas abweichend gefärbte Individuen besondere Arten bilden sollen. Der Zoologe stößt sich an dieser Auffassung, bedenkt aber nicht, daß er mit dem Wort „Art" einen ganz anderen Begriff verbindet als der Fischer, der letztere würde ebenso gerne auch sagen andere „Sorte". Die Begriffe Spielart und Varietät sind ihm jedoch fremd. Der Zoologe aber versteht unter Art (Species) alle die Tiere, welche auf entsprechenden Altersstufen dieselben wesentlichen Eigenschaften besitzen, in ihren Hauptmerkmalen, den Artkennzeichen, übereinstimmen; er betont ferner, daß alle zu einer Art gehörenden Individuen voneinander abstammen und untereinander fruchtbare Nachkommen erzeugen, während sie sich mit anderen Arten nicht mischen. Letzteres tun aber die verschiedenen „Arten" des Hechtes, die der Fischer vielfach beobachtet und unterscheiden will; auch bestehen sie nicht, wenn man sie auf die charakteristischen Kennzeichen der Species prüft.

Der Hecht bewohnt die nicht zu schnell fließenden Flüsse, Bäche und Seen Nordasiens, Europas, mit Ausnahme des Südens, und Nordamerikas. Rasch fließende, flache Bäche vermeidet er, findet sich aber im Gebirge bis 1500 m Meereshöhe in allen ihm zusagenden Wassern. Auch im Brackwasser lebt er gerne. Er ist ein nirgends seltener Raubfisch, der am Tage ruhig im Versteck unter Pflanzen auf Beute lauert, nachts aber lebhaft wird und rasch umherschwimmt. Er verzehrt alle Fische, Frösche und deren Larven, auch kleine Säuger und Vögel, die er im Wasser erhaschen kann. Seine Beute gleitet mit dem Kopfende zuerst in den Schlund am Zurückweichen gehindert und festgehalten durch die etwas nach hinten gerichtete Bezahnung des Rachens.

Im Sommer 1901 wurde mit einem Sacknetz ein kleiner Bach, die Ragöse, welche in den Finowkanal fällt, abgefischt. Vor dem Netz lag eine kleine Plötze scheinbar tot auf der Seite. Nach einiger Zeit wurde wieder eine bemerkt und dabei die auffallende Tatsache entdeckt, daß diese Plötze, obwohl auf der Seite liegend, sich gegen die Wasserströmung fortbewege; da gelang es, ihren Träger zu erkennen. Es war ein etwa halbpfündiger Hecht, der regelrecht die Plötze apportierte, sie in der Mitte des Rückens gefaßt hatte und nun von Netz getrieben, langsam vor diesem herzog. Auch durch Schlagen ins Wasser ließ er sich nicht bewegen, die Beute fahren zu lassen, er schoß davon, um nach einigen Metern wieder still zu stehen, den Abzug der Störenfriede zu erwarten — leider nahmen sie ihn vorher aus ihrem Netz.

In Forellengewässern der Ebene kann der Hecht als arger Räuber sehr aufräumen; in Seen und Flüssen dagegen schätzt man ihn hoch, weil er die kleineren Individuen minderwertiger Fischarten, sowie Frösche verzehrt und selbst ein schmackhaftes, sehr beliebtes Fleisch besitzt; es ist weiß und fest, dabei arm an Gräten. Schon im Februar beginnt der Hecht zu laichen, der Rogener, begleitet von einem oder zwei Milchnern, zieht zu pflanzenreichen, seichten Uferstellen, auf überschwemmte Wiesen und legt unter lebhaftem Geplätscher, während die Tiere sich aneinander reiben, die Eier ab. Nicht weniger wie 100000 drei mm große gelbliche Eier erzeugt ein einziges Weibchen. Nach 2—3

Wochen entschlüpfen die jungen Hechte, die sich durch ihren sehr großen Dottersack auszeichnen. Bei guter Nahrung wird der Hecht bereits im ersten Jahre über 20 cm lang; er erreicht mit den Jahren eine Länge von 2 m und 35 kg Gewicht. Der Hecht wird in Netzen und mit Angeln gefangen, mit dem Speer gestochen und liefert ein stets verlangtes und teuer bezahltes Fleisch. — Auch der Sportsmann angelt gerne den Hecht.

An Stelle des Hechtes hat man mit guten Erfolgen auch den Zander in Karpfenabwachsteichen als Beifisch benutzt. Der Zander, in Süddeutschland auch Schill gegenannt, Lucioperca sandra L., gehört zur Gruppe der Acanthopteri oder Stachelflosser. Diese zeichnen sich durch die stachelartigen, d. h. ungeteilten und ungegliederten Strahlen der vordersten Rückenflosse aus. Hinter derselben steht eine zweite, weichstrahlige Rückenflosse mit geteilten und gegliederten und deshalb weichen biegsamen Strahlen. In der Gattung Lucioperca sind diese beiden Rückenflossen ohne Zwischenraum dicht hintereinander gerückt. Die erstere hat beim Schill 20—22 Strahlen, die Afterflosse 2 Stachel- und 11 Weichstrahlen; die Bauchflossen stehen unter den Brustflossen; Rücken-, Schwanz- und Bauchflossen tragen dunkle Flecken in reihenweiser Anordnung. Ihre Grundfarbe ist wie die des Körpers grau. Der Rücken ist dunkler gelblich oder grünlichgrau, der Bauch weiß, die Seiten tragen 8—9 unregelmäßig wolkige, oft undeutlich verwaschene graue Querbinden. In den Seen und Flüssen Mitteleuropas ist der Zander heimisch; er fehlt in England, Frankreich und im Rheingebiet, selten ist er in der Weser, häufig in den süßeren Teilen der Ostsee. In nordostdeutschen Seen und Flüssen findet er sich häufig, ist mit Erfolg in der Neuzeit auch im Rhein ausgesetzt worden. Er liebt sandige Stellen mit mäßiger Strömung oder mildem Wellenschlag und zieht die flachen Teile tieferer Seen den größeren Tiefen vor. Wenn nur einzelne größere sandige Stellen in dem See bei einer Wassertiefe von 2 m vorkommen, kann der übrige Grund weich und moorig sein. Hier lebt er gesellig und nährt sich als Raubfisch von kleinen Fischen, aber auch Mollusken, Würmern und Insekten. An tierischen und pflanzlichem Plankton reiches und dadurch getrübtes Wasser bildet seinen besten Jagdgrund; hier kann er im Trüben fischen. Im April, Mai und Juni laicht er in stillem Wasser, wo das Weibchen bis 200 000 Eier etwas über 1 mm groß, leicht gelblich von Farbe, an Wurzeln, Wasserpflanzen, Steinen und auf den kiesigen Grund absetzt. Der Zander wird 40 bis 50 cm lang und 1—3 Pfund schwer, jedoch werden auch meterlange Zander gefangen; er ist ein sehr geschätzter Fisch mit wohlschmeckendem Fleisch. In Südrußland benutzte man ihn in früheren Jahren zur Tranbereitung, jetzt wird er von dort gesalzen und getrocknet in den Handel gebracht, und der Rogen als Zanderkaviar in großen Mengen, zumal nach den Balkanländern, verschickt.

Die Besetzung geeigneter Gewässer mit Zandern geschieht auf verschiedene Weise, indem man entweder Brutzander, d. h. laichfähige, erwachsene Fische, aussetzt, oder untermaßige Fische, d. h. Fische, die noch nicht das Verkaufsmindestmaß von meist 35 cm (28 cm in Ost- und Westpreußen) haben, mit besonderer Erlaubnis der Behörde in den süßeren Teilen der Ostsee fängt, um sie in die zu besetzenden Gewässer zu übertragen. Außerdem wird aber Zanderbrut auch mehrfach in Teichen gezüchtet und verschickt. Der Zander ist auf der Reise ziemlich empfindlich, so daß trotz großer Vorsicht hin und wieder ein Zandertransport verunglückt. Man muß deshalb die Zander nicht von weither beziehen, sondern möglichst in der Nähe kaufen; es dürfen im Faß die Fische nicht dicht stehen, weil sie mit ihren Stachelstrahlen der Flossen und mit ihren scharfen Schuppen sich gegenseitig verletzen. Die stark hervortretenden Augen leiden sehr leicht, und die Fische erblinden dann bald. Jeder Zander, der nach dem Transport einen rötlichen, blassen Fleck am Schwanz oder an der Schwanzflosse zeigt, geht später ein; auch jede andere, scheinbar unbedeutende Verwundung bewirkt den Tod. Der vorsichtige Fischzüchter sucht die von ihm zum Versandt gebrachten Zander zu schützen, indem er zugleich mit den Zandern weniger wertvolle Fische, etwa Bleie oder Güstern in das Transportfaß bringt. Diese stellen sich zwischen die Zander, trennen sie und beschützen sie so vor der gefährlichen gegenseitigen Berührung und Verletzung. Zanderbrut oder einsommeriger Satzzander transportieren sich leichter, doch ist auch bei ihrem Transport besondere Rücksicht auf Jahreszeit, Temperatur, Reinheit des Wassers, Zahl der Fische pro Liter Wasser, Vermeidung von Stoß zu nehmen und dahin zu dringen, daß die Bestimmungen der Eisenbahnen über den Transport lebender Fische streng eingehalten werden. —

Sorgfältige Beobachtung und Überlegung haben den Teichwirt weiter veranlaßt, noch für anderen Nebenbesatz seiner Abwachsteiche zu sorgen.

Man hat in Erfahrung gebracht, daß viele Nährstoffe, die am Boden des Teiches lagernd, nicht vom Karpfen genommen werden; man weiß außerdem, daß er viele der Ufer- und Bodenfauna angehörende größere Insekten sowie Froschlarven, die Kaulquappen, verschmäht. Diesen Teil der Teichnährkraft auszunutzen, gibt man den Abwachsteichen solche Fische als Nebenbesatz, die im warmen, stehenden Teichwasser gedeihen, den Karpfen nicht behelligen und von ihm nicht gestört werden, nämlich Schlei und Regenbogenforelle.

Die Schlei, auch Schleie, Schleihe genannt, Tinca vulgaris Cuv., gehört wie der Karpfen in die Familie der Cypriniden oder Weißfische. Ihr Leib ist mäßig zusammengedrückt, die Färbung schwarzgrün oder olivengrün, am Bauch heller, meistens mit starkem Gold- oder Messingglanz, die Flossen sind von der Farbe des Körpers. Eine dem Goldfisch ähnlich gefärbte Spielart, die Goldschleie, findet sich unter normal gefärbten, sie soll auch rein gezüchtet werden. Die Schuppen sind länglich, klein und zart, fast ganz in der dicken, weichen und schleimigen Haut versteckt, die Seitenlinie ist vollständig und gerade verlaufend, das Maul endständig, jederseits am Mundwinkel mit einem Bartfaden. Die Flossen sind dick, fleischig, gerundet, die Schwanzflosse ist sehr wenig ausgeschnitten, also fast gerade, die Bauchflossen des Männchens am Vorderrand mit verdicktem und gebogenem Strahl, die Afterflosse kurz mit 3 Stachelstrahlen und 6—7 Weichstrahlen; an den Rückenflossen treten 4 bzw. 8—9 Strahlen auf. Die keulenförmigen Schlundzähne sind zusammengedrückt und auf der Kaufläche schwach gefurcht.

Die Körperlänge beträgt 20—30 cm sie kann auch 50 cm erreichen. Als Grundfisch bewohnt die Schleie ruhige, schlammige Gewässer, an deren Boden sie zerfallende Pflanzenstoffe und Tiere als Nahrung findet. Sie kommt in Europa und Sibirien vor, fehlt nur im höchsten Norden und überwintert schlafend in den Schlamm eingegraben. Zur Laichzeit im Mai, Juni, Juli klebt das Weibchen 200 000 bis 300 000 kleine gelbliche Eier an Wasserpflanzen an oder läßt sie zu Boden fallen. Als Hochzeitskleid trägt das Männchen Hautwucherungen in Form zahlreicher weißer Knötchen an Kopf und Rücken, weshalb die Fischer es auch als Stachelschleie bezeichnen.

Zur Laichzeit fangen sich die in Gesellschaften ziehenden Fische leicht in Reußen und Säcken, in Süddeutschland sind sie jedoch durch eine Schonzeit im Mai und Juni, in Sachsen vom 10. April bis 9. Juni geschützt. Das Mindestmaß der auf den Markt gebrachten Fische beträgt im allgemeinen 20 cm, in Bayern 22, im Stadtgebiet von Lübeck 24 cm.

Die Schleie liebt sumpfige Teiche, an deren Grund sie, wie gesagt, ihre Nahrung sucht. Auch die Brut hält sich am schlammigen Teichboden auf, das Abfischen desselben beim Ablassen des Teiches verursacht viel Mühe, weil die kleinen 5 cm langen Fische erst geraume Zeit, nachdem das Wasser sich verlaufen hat, aus dem Schlamme hervorkommen, und weil sie also nicht mit Käschern gefangen und nach dem Verfahren von Dubisch, wie die Karpfen, aus den Brutstreckteichen in die Streckteiche versetzt werden können. Die jungen Schleie müssen also in dem Laichteich bis zur Herbstabfischung bleiben, bei allzustarkem Besatz werden sie in demselben hungern und klein bleiben, sie haben aber trotzdem die Fähigkeit, im nächsten Sommer zum Portionsfisch, 1/4 Pfund schwer, heranzuwachsen, wenn sie im Abwachsteich günstige Lebensbedingungen,

d. h., nicht zu starken Besatz an Nahrungskonkurrenten der eigenen Art, vorfinden. Am Karpfen finden sie dagegen einen guten Teichgenossen, der sie nicht stört, dem sie keine Futterkonkurrenten sind, indem sie, im Schlamm wühlend, größere Nahrung suchen als jener und häufig genug durch Aufwühlen des Bodens die an und in demselben verborgene tierische Nahrung des Karpfens aufscheuchen und für denselben auffindbar machen. —

Nur in größeren Karpfenteichen, die 2—3 Jahre gespannt und mit Karpfen besetzt bleiben, kann der Aal als Nebenfisch eingesetzt werden.

Der Aal, Anguilla vulgaris Flem. (A. fluviatilis) besitzt einen langgestreckten, zylindrischen Körper, der nur in der Schwanzregion seitlich zusammengedrückt ist. In der dicken, sehr schleimigen Haut stecken kleine, zarte Schuppen. Der Unterkiefer ragt unter dem Oberkiefer hervor; letzterer trägt 2 Paar Nasenöffnungen, von welchen das vordere, röhrenförmig verlängerte, dicht an der Oberlippe steht. In dem kleinen, bis unter das Auge reichenden Munde stehen mehrere Reihen feiner Hechelzähne. Dicht vor der Brustflosse liegt als enger, senkrechter Schlitz die Kiemenöffnung. Bauchflossen fehlen. Ein Flossensaum, gebildet aus den miteinander verschmolzenen After-, Schwanz- und Rückenflossen, zieht ununterbrochen von der Rückenmitte bis zum After. Die Flossenstrahlen sind einfach, dünn, biegsam und in der dicken Haut der Flossen kaum zu bemerken. Seiner Färbung nach variiert der Aal sehr stark; am Rücken ist er dunkelgrün, blau oder schwarz, in den Seiten heller, am Bauch rein weiß. Oft sind Rücken und Seiten gleichgefärbt; manchmal werden olivengrüne Aale mit goldgelbem Mittelstrich oder ganz goldiggelbe gefangen, selten dagegen sind rein weiße.

Diese Verschiedenheit in der Farbe, desgleichen Variationen in der Länge der Afterflosse, sowie auffallende Unterschiede in der Kopfform, gaben Veranlassung, mehrere Arten aufzustellen (acutirostris, latirostris u. a.), welche jedoch nicht aufrecht erhalten werden konnten, nachdem man gefunden, daß die beiden Geschlechter sich in der Kopfform unterscheiden: Die großen, breitköpfigen, kleinäugigen Aale sind Weibchen, die spitzköpfigen, großäugigen sind Männchen. Beide sind auch durch die Größe verschieden; letztere werden nie länger als 49 cm, die Weibchen dagegen werden 1 m, ja 1,50 m lang. Die Unterscheidung der Geschlechter, sowie die Fortpflanzung des Aales, seine Jugendgeschichte zu erforschen, hat große Schwierigkeiten gehabt. Wenn wir jetzt auch vieles Interessante darüber wissen, alles ist immer noch nicht aufgeklärt und nachgewiesen.

Die im Süßwasser lebenden großen Aale sind noch nicht laichreife Weibchen; sie wandern in dunklen Herbstnächten stromabwärts, wobei sich ihnen die im Unterlauf der Flüsse lebenden Männchen anschließen, um mit ihnen gemeinsam dem Meere zuzustreben. Dort scheint der Zug noch weiter zu gehen, nach größeren Tiefen; aus der Ostsee, reicheren Salzgehalt erstrebend, ziehen die Aale der Nordsee zu. Ihre Geschlechtsdrüsen sind bis dahin unentwickelt. Jene weißen, fingerbreiten, manschettenförmigen, fettreichen Bänder zu beiden Seiten des Darmes sind die Eierstöcke. Erst seit 1874 kennt man die schmalen, gelappten, langgestreckten Hoden.

Wo und wie das Laichen vor sich geht, wissen wir

nicht; noch kein Mensch hat einen laichreifen Aal gesehen. Im Mittelmeer lebt ein eigentümliches bis 7 cm langes, fischähnliches Tier, Leptocephalus brevirostris, welches man als eine noch junge Entwicklungsstufe, d. h. als die Larve, des Aales ansieht. Ist diese Annahme richtig, dann bedarf die auffallende Erscheinung noch der Erklärung, daß außerhalb des Mittelmeeres, also z. B. im Nord- und Ostsee derartige Tiere noch nicht gefunden wurden. Die etwa 5—8 cm lange Aalbrut wandert — unter Annahme der Richtigkeit der Leptocephalus-Lehre nach überstandener Metamorphose — in die Ströme, aus diesen in die Flüsse und kleinsten Bäche sowie in die mit ihnen im Zusammenhang stehenden Seen, wo sie im Laufe einiger Jahre rasch heranwachsen, um kurz vor Eintritt der Geschlechtsreife auf Nimmerwiedersehen ins Meer zurückzukehren.

Mittelmeer, Atlantischer Ozean, Nord- und Ostsee bilden die Heimat des Aales, von wo die junge Brut, welche in Frankreich als Montée, in Italien als Montata bezeichnet wird, nach den Quellgebieten aller in diese mündenden Ströme im Frühjahr aufsteigt. Diese Wanderungen finden vorzugsweise in der Nacht statt, gelegentlich werden aber die großen Züge auch bei Tage beobachtet; von ihrer Mächtigkeit bekommt man eine Vorstellung, wenn man erfährt, daß aus dem Arnoflusse in 5 Stunden viele tausend Zentner Aalbrut entnommen wurden, daß bei Rendsburg aus der Eider an einem Tage 90 Eimer Aalbrut, fast ohne Wasser, geschöpft werden konnten, endlich, daß die Wanderung an manchen Orten 14 Tage lang ohne erhebliche Unterbrechung beobachtet ist. Das seltene Vorkommen der Aale in manchen Flüssen hat seinen Grund in der Anlage vieler für industrielle Zwecke geschaffener Wehre und Stromwerke. Diese können seine Wanderung freilich nicht verhindern, denn er überklettert die Hindernisse, sich an glatten Wänden emporschlängelnd, gehalten durch die Adhäsion, sie müssen dieselbe aber doch wesentlich erschweren und ihn im Unterlauf der Ströme zurückhalten. Hier können etwa bleistiftdicke und 20 bis 25 cm lange Aale in großen Mengen gefangen werden.

Aale in zwei verschiedenen Altern, sowohl die ganz junge Brut, wie auch die oben genannten 20 cm langen Tiere werden benutzt, geschlossene Binnengewässer mit Aalen zu bevölkern.

Da diese Fische den Transport im Wasser gar nicht vertragen, so verschickt man sie in flachen Kisten trocken. Sie sondern dann eine schleimige Masse ab, bleiben feucht und ertragen weite Landtransporte und Eisenbahnfahrten sehr gut.

Der Aal fehlt ursprünglich in den Stromgebieten des Schwarzen und Kaspischen Meeres, in Deutschland also in der Donau und deren Nebenflüsse. Durch sehr starkes und anhaltendes Aussetzen von Aalbrut und jungen Aalen hat man es aber in den letzten Jahren dahin gebracht, daß er auch in diesen Gewässern jetzt gefangen wird. Als sehr geschätzter Speisefisch wird er in großen Mengen gefangen.

3. Salmonidenzucht.

Die Bachforelle, Salmo fario L., ist wie alle Salmoniden ein Bauchweichflosser, welcher zwischen Rücken- und Schwanzflosse noch eine kleine, weiche, strahlenlose Flosse, die sogenannte Fettflosse trägt. Ihr Körper ist gedrungen, von kleinen Schuppen bedeckt; der große dicke

Kopf geht in eine stumpfe, kurze, beim Weibchen sogar sehr kurze, Schnauze über. In dem weiten Mund findet sich eine starke Bezahnung. Wichtig zur Unterscheidung der Forelle von anderen nahverwandten Salmoniden ist die Bezahnung in der Gaumenmitte; dort liegt bei den Wirbeltieren, also auch bei den Fischen, ein Knochen, welcher wegen seiner Gestalt bei Menschen und den höheren Säugetieren Pflugscharbein (Vomer) genannt wird. Er ist bei den Salmoniden etwa von eliptischer Gestalt; durch eine Einschnürung wird ein kurzes dreieckiges Ende, die Basis, von einem längeren Stück, dem Stiele, abgetrennt. Beide Teile sind bezahnt, und zwar die Basis mit 3—4 in einer Querreihe stehenden starken Zähnen, der Stiel mit einer doppelten Längsreihe, ebenfalls kräftiger Zähne, welche mit ihrer Spitze in der Regel abwechselnd nach links und rechts gerichtet sind. Die Flossen sind breit und dick, gerundet, die paarigen Flossen stehen normal an Bauch und Brust. Der hintere Rand der Schwanzflosse zeigt sich schon bei jungen Tieren nur seicht ausgebuchtet, später verläuft er ganz gerade. Die Körperfarbe der Bachforelle ist sehr verschieden und abhängig von dem Grunde des Wassers und dessen Umgebung, doch findet man in demselben Bach helle graue und tief dunkel oliven braune oder fast schwarze Forellen. In der Regel erscheint der Rücken grünlich dunkel, die Seiten erglänzen gelb, zumal bei dunklen Exemplaren, und sind besonders in der dorsalen Hälfte vom Kopfe bis zum Schwanzstiel mit vielen großen, weiß oder blauschwarz umrandeten roten Flecken herrlich gezeichnet. Auch die Rücken- und Fettflosse nimmt Anteil an dieser wundervollen Färbung und Zeichnung. Zur Laichzeit wird das Kleid lebhafter als sonst, das Männchen ist dann zugleich durch eine schwarze Färbung des schmalen Bauches ausgezeichnet, während jener der Weibchen hell weißlich grau erscheint. Wie alle Salmoniden, zeigt das Männchen zur Laichzeit die stärkere Auftreibung seines Unterkiefers, der alsdann zuweilen so stark sich hakenförmig nach oben krümmt, daß das Maul nicht völlig geschlossen werden kann.

Die Bachforelle ist in ganz Europa heimisch; sie soll nur in Spanien und Griechenland fehlen. Sie bewohnt die klaren, raschfließenden Gewässer und Seen, zumal Gebirgswasser, in welchen sie bis zu einer Meereshöhe von 2500 m vorkommt. In der Ebene fehlt sie im allgemeinen, doch ist sie auch dort überall da zu finden, wo die Bäche einigermaßen klares, raschfließendes Wasser führen, also an die Gewässer des Berg- und Hügellandes erinnern. In der Mark Brandenburg z. B., also in des Deutschen Reiches „Streusandbüchse", finden sich zahlreiche Bäche mit Forellen bevölkert, vor allen anderen sind es zwei Flußgebiete, die sich durch ihren Reichtum an Salmoniden auszeichnen: erstens das Gebiet der Plane, Nuthe und Dahme, welche auf dem Fläming entspringend, unterhalb Potsdam in die Havel münden und mit ihren zahlreichen Nebenbächen, wie Nieplitz, Fredersdorfer-, Baitzer- und Streckbach, Adda, Briesener- und Verlorenes Wasser, vorzügliche Forellengewässer darstellen. Zweitens das ganze Gebiet nördlich der Warthe und Netze, umfassend die Drage mit ihren Zuflüssen, ferner Puls, Prielang und Kloppfließ, Hammerfließ und Floßkanal Mietzel, Schlibbe und Mühlenfließ. Außerhalb dieser Gebiete finden sich Forellen im Bober, Lubst, Schlaube, zur Oder gehörig, und im Gebiet der Ücker, nämlich in der Becke und im Marienfließ.

Daß schon vor Alters in diesen Gewässern Forellen vorhanden waren, ist durch Urkunden bewiesen. So mußten die Besitzer der Eichhornmühle bei Zäckeritz a. O. vor über 100 Jahren einen königlichen Forellenjäger unterhalten, ein Beweis dafür, daß schon damals in dem dortigen Mühlbach die Forelle nicht selten gewesen ist.

Die Nachrichten von dem Vorkommen der Forelle in Brandenburg gehen zurück bis 1560. Denn damals schrieb Kurfürst Joachim II an den Magistrat der Stadt Eberswalde einen Brief über Lieferung von Forellen an die königliche Hofküche zur Hochzeitsfeier der Prinzessin Hedwig mit dem Herzog Julius von Braunschweig-Lüneburg, welche am 25. Februar 1560 stattfand.

Der Brief lautet:

„Joachim, von Gotts gnaden Markgraff zu Brandenburck ꝛc. und Churfürst ꝛc. Unsern grus zuvorn. Lieben gethreuen. Wir geben euch gnediger meinung zu erkennen, das wir vormittelst gotlicher vorleihung uff kunfftige fastnacht die hochgeborne Fürstin, unsere freuntliche liebe tochter, freulein Hedwicgk, geborene marggrävin zu Brandenburck ꝛc., dem auch hochgebornen fürsten, unserem freundtlichen lieben ohem, schwagernn und Luneburgk ꝛc., ehelichen zu vermahlen und beitzulegen und dotzu etliche unsere herrn und freunde in zimblicher anzal zu erbitten und zu erfordern entschlossen. Wan uns dan zu stadtlicher und geburtlussen und uff den freitag vor den sontag Esto mihi anhero in unser hofflager schicken. Doran thutt ihr unsere zuverlesliche meinung, und seindts hinwider

[1] Forellen.

in gnaden zu erkennen geneigtt. Datum Colln an der Spree . . .

Unsern lieben gethreuen Burgermeistern und Raethmannen unser Neustadt Eberswalde."

Gewisse Bäche der Ebene sagen der Forelle also ebenso sehr zu, wie jene des Gebirges, wenn sie in ihnen auch nicht überall den steinig kiesigen Grund findet, der die letzteren auszeichnet. Rasch dahinfließende, seichtere Wasserstrecken in Abwechslung mit tieferen, ruhigeren Stellen, bilden das charakteristische Merkmal der Forellengewässer, die von Bäumen beschattet, stellenweise auch dem warmen Sonnenschein ausgesetzt sind. Diese Eigenschaften des Forellengewässers gewährleisten seinen Bewohnern einen reichen Lebensunterhalt, denn die Forelle weiß in ihrem Versteck sehr geschickt ihre Beute zu erlauern. Dieselbe besteht in allen kleineren Tieren des Wassers, jungen Fischen, wasserbewohnende Insektenlarven und Insekten, Würmern, Wasserasseln und anderem Getier, wie Fröschen, Kröten, deren Larven, Kaulquappen, und ihrem Laich. Luftbewohnende Insekten, Mücken, Fliegen, Schmetterlinge sind ihr ein Leckerbissen, die oft zu tausenden ins Wasser fallen. Oft werden sie, wenn sie ihre Eier an die Wasseroberfläche ablegen wollen, von der lauernden, blitzschnell herbeischießenden und auch nach ihnen springenden Forelle erhascht. Dies weiß sich der Angler zu nutz zu machen, indem er seine Angel mit derartigen Insekten ködert oder statt derselben täuschend nachgeahmte künstliche Fliegen verwendet. Bei Tage hält sich die Forelle meistens in Verstecken an Steinen oder in Uferlöchern fast unbeweglich und schnappt nur nach den in ihre Nähe kommenden Leckerbissen. Am Abend jedoch wird sie beweglicher und jagt nun eifrig ihrer Beute nach.

Die Forelle ist ein Winterlaicher, der in kalten Gewässern zeitiger, etwa im Oktober, in etwas wärmeren erst um die Jahreswende zur Fortpflanzung schreitet. An den für die Eiablage günstigen Plätzen, die durch Stromaufwärtswandern erreicht werden, wühlt das Weibchen im flacheren, raschströmenden Wasser Gruben aus, in welche es den Rogen absetzt, der dann von dem Männchen befruchtet und teilweise durch Plätschern mit dem Schwanz wieder mit Kies überdeckt wird. Das Weibchen produziert 300—2000 Eier, 4—5 mm groß, gelblich oder rötlich von Farbe, die in kleineren oder größeren Pausen abgelegt werden. Sie brauchen zu ihrer Entwicklung längere oder kürzere Zeit je nach der Temperatur des Wassers, und liefern gen Wintersausgang etwa 1 cm lange, noch unbehilfliche Fischchen mit großer gelber Dotterblase an der Bauchseite. Der anfangs noch unförmliche Flossensaum am Rücken hat sich in die Rücken- und Fettflosse geteilt, die blaßrötliche Körperfarbe ist durch eine bräunliche Färbung ersetzt, die den Fischchen den besten Schutz gewährt, da es am Grunde in düsterem Winkel stehend, dadurch dem Auge seiner Feinde entrückt wird. Diese sind nicht wenige, abgesehen von mancherlei Raubfischchen, wie Quappe (Lota vulgaris Cuv.), größeren Forellen, Kaulkopf (Cottus gobio L.), der auch den Forelleneiern eifrig nachstellt, ist es der Eisvogel, welcher unter den jungen Forellen eines Baches oder Teiches gewaltig aufräumen kann. Bald wechselt das Forellchen sein Kleid, etwa 2 cm ist es lang geworden, da zeigt es auf hellgrauem Grunde vom dunkeln Rücken in den Seiten herabziehende schwärzliche Binden. Diese werden später undeutlich und lösen sich in dunkle Flecken auf, wie sie die bräunliche, fast fingerlange Forelle im Alter von einem Jahre zeigt.

Jacobi, ein Leutnant aus Lippe-Detmold, beobachtete in der ersten Hälfte des achtzehnten Jahrhunderts die Forellen bei ihrem Laichgeschäft; er kam auf den glücklichen Gedanken, diesen Vorgang künstlich nachzuahmen und stellte bei Noterlem in Hannover seine ersten Versuche an. Erst nach einer langjährigen Erfahrung, durch welche die Zweckmäßigkeit seines Verfahrens und die durch dasselbe erzielten Vorteile erwiesen wurde, veröffentlichte er 1763 im „Hannoverschen Magazin" seine Entdeckung und gab eine Beschreibung seiner Methode der künstlichen Befruchtung der Forelleneier. Aber schon vorher war er darauf bedacht, sein Verfahren durch Einsendung einer Abhandlung an die bedeutendsten seiner Zeitgenossen, wie Buffon, Gleditsch u. a. bekannt zu machen. Im Jahre 1764 überreichte Gleditsch der königlichen Akademie der Wissenschaften zu Berlin einen Auszug aus Jacobis Abhandlung, und Duhamel nahm eine Übersetzung derselben in sein Werk über Fischerei auf, das er 1773 im Auftrage der Akademie der Wissenschaften zu Paris herausgab. Die Arbeit Jacobis zeichnet sich durch die Genauigkeit der Beobachtung, Gewissenhaftigkeit der Beschreibung und Richtigkeit seiner Schlüsse aus. Mit derselben Klarheit beschrieb er die künstliche Bebrütung, samt den dazu notwendigen Apparaten. Auch er kannte schon eine Anzahl der Zufälligkeiten, welche das Brutgeschäft unter Umständen nachteilig beeinflussen. —

Als man sich über die Abnahme der wertvollen Salmoniden, die bereits in der ersten Hälfte des neunzehnten

Jahrhunderts sehr fühlbar war, — Rechenschaft gab, kam man dazu, das Verfahren Jakobis praktisch anzuwenden, und zwar geschah dies in Frankreich wie in Großbritanien, wo John Shaw im Jahre 1837 die künstliche Befruchtung von Lachseiern erfolgreich durchführte. Im Jahre 1842 finden wir einen Fischer Remy in Verbindung mit einem Wirte Gehin erfolgreich bestrebt, im Gebirgsbach eines der einsamsten Vogesentäler durch künstliche Befruchtung und Bebrütung der Forelleneier, der stetig zunehmenden Armut an Forellen abzuhelfen. Ihre Arbeit hatte Erfolg. Die sogenannte Emulationsgesellschaft der Vogesen erteilte beiden dafür eine Médaille d'encouragement. Später bewilligte ihnen die französische Regierung eine jährliche Pension und, was als das bedeutende erscheint, sie gab ihnen Diäten bei Reisen für die Förderung der Fischzucht. Inzwischen hatte ein Professor Coste die Erfahrungen über die künstliche Befruchtung der Salmonideneier wesentlich gefördert durch seine exakten Versuche und sorgfältigen Beobachtungen. Deshalb beschloß die französische Regierung im Jahre 1852 die Errichtung einer Musteranstalt für künstliche Fischzucht bei Hüningen. Dieselbe wurde nach 1870/71 vom Deutschen Reiche übernommen und mit allen Mitteln der Neuzeit ausgerüstet weitergeführt; sie liegt 4 km von Hüningen in der Gemarkung Blotzheim und wird deshalb seit einer Reihe von Jahren richtiger nach diesem Orte als Fischzuchtanstalt Blotzheim bezeichnet.

Es gibt in Deutschland noch eine größere Anzahl von Fischzuchtanstalten, meist in Privatbesitz, z. T. auch vom Staate erbaut und unterhalten, jede den örtlichen Verhältnissen entsprechend eingerichtet, zum Teil großartige Musterwirtschaften. Die allgemein gebräuchlichen Einrichtungen zum Erbrüten von Forellen werden in einem aus Brettern leicht zusammengefügten oder massiv erbauten Häuschen untergebracht, weshalb man dieses als Fischbruthaus bezeichnet.

Mag auch im Laufe der Jahre manche nicht geringe Wandlung in der Methode des Erbrütens vor sich gegangen sein, so ist der leitende Grundgedanke doch stets derselbe geblieben. Das Bruthaus mit seinen Einrichtungen und Apparaten soll die künstlich befruchteten Salmonideneier aufnehmen, sie bis zum Ausschlüpfen der kleinen Fischchen und noch darüber hinaus bewahren, vor allen Gefahren, schädlichen mechanischen Einflüssen oder Feinden aller Art beschützen, kurz, ihnen die günstigsten Existenzbedingungen bieten.

Die in einem Bach mit Hilfe von Reusen im Spätherbst gefangenen Forellen werden möglichst nach Geschlechtern getrennt gehalten bis zu dem Zeitpunkt, da die Eier im stark angeschwollenen Bauch der Weibchen legereif sind. Sie liegen jetzt frei in der Leibeshöhle oder sind höchstens noch von dem dünnen Häutchen des Ovarium zusammengehalten, so daß sie bei leichtem Druck auf den Leib zur Geschlechtsöffnung herausgepreßt werden.

Ihre Befruchtung geschieht folgendermaßen:

Ein Weibchen wird vorsichtig gefangen, aus dem Wasser gehoben, auf ein Tuch gelegt und abgetrocknet, dann umschlingt man Kopf und Schwanz mit einem kleinen Flanellappen, faßt den Fisch an beiden Enden und hält ihn so über einen Teller, daß eine zweite Person bequem am Bauche von vorn nach hinten mit zwei Fingern streichen kann.

Die Eier treten zur Geschlechtsöffnung hervor und fallen in den Teller. Bei vorsichtiger Behandlung und einiger Übung wird man Kot und Harn nicht mit ausdrücken, überhaupt den Fisch nicht allzusehr quälen. Das Weibchen mit seinem nun entleerten Bauch wird möglichst rasch wieder in frisches Wasser zurückgesetzt, wo es sich bald wieder erholt. Wurde es zu lange außerhalb des Wassers behalten, dann schwimmt es, den Bauch nach oben kehrend, im Wasser; seine Rückenlage ist ein stets schlechtes Zeichen, sofortiges Aussetzen in den Bach rettet es alsdann allein von sicherem Tod. In derselben Weise werden 3 oder 4 Weibchen gestrichen, von denen jedes im Mittel wohl 400—500 Eier liefern mag. Diese liegen nun trocken in dem Teller. Zwei in derselben Weise behandelte Männchen liefern genügende Mengen Sperma, um diese Eier zu befruchten. Manchmal spritzt die weiße Samenflüssigkeit, Milch, in kurzem Strahl hervor, oft fließt sie über den streichenden Finger oder rinnt an der Afterflosse herab auf die gelben Eier. Mit Hilfe einer Feder werden beide Geschlechtsprodukte gut gemischt und nun erst wird Wasser zugegeben. Die Dottermasse der vom Weibchen eben abgelegten Eier füllt die Eischale nicht völlig an, durch die feinen Poren, Mikrophylen, der Eierschalen kann Wasser in die Eierschalen eindringen, hierbei wird je einem Samenfaden die Möglichkeit gegeben, in das Ei einzudringen, wodurch letzteres befruchtet wird. Nunmehr kleben die Eier leicht am Tellerrand und aneinander fest, sie werden gelöst und der ganze Inhalt des Tellers wird nunmehr in den sogenannten Bruttrog gebracht, in welchem das durch überflüssiges Sperma noch milchig gefärbte Wasser bald weggespült wird. In diesem Bruttrog bleiben die Eier und die aus ihnen sich entwickelnden Fischchen, bis letztere ihren Dottersack verlieren.

Der früher allgemein und fast ausschließlich angewandte sogenannte kalifornische Bruttrog ist vielfach umgestaltet worden, immer aber hat man an dem allen Konstruktionen zu grunde liegenden Prinzip festgehalten. Der Bruttrog ist ein Behälter aus Zink, in welchen das Wasser von oben einfällt. Um abzufließen, muß es durch einen, dem äußeren Kasten nur wenig an Größe nachstehenden Einsatzkasten hindurchströmen, und zwar tritt es durch den völlig durchlochten am besten aus Drahtgaze gebildeten Boden in den Einsatzkasten ein und fließt nahe an dessen Oberrand durch einen vergitterten Abfluß weiter.

Auf diesem Drahtgitterboden liegen die Eier, welche hier reichlich von frischem Wasser umströmt werden und bei dem unausgesetzt stattfindenden Gasaustausch sich ebensogut entwickeln, wie auf dem kiesigen Bachgrund. Um diesem besser nachzuahmen, hat man in neuerer Zeit sich wieder mehr an die natürlichen Verhältnisse angelehnt und Brutkisten konstruiert, in welchem die Eier nicht auf einem durchlochten Boden, sondern auf gewaschenem, feinkörnigen Kiese liegen und von dem Wasser, wie im Bach, nur überströmt, nicht wie im kalifornischen Troge, ganz umspült werden. Während in letzterem die Eier etwa 10 bis 15 cm unter der Wasseroberfläche liegen, hält man sie neuerdings auch in ganz flachem Wasserstrom, ja, man ist so weit gegangen, sie nur feucht zu halten, in der Art, daß das Bett, auf dem sie ruhen, stets von frischem Wasser benetzt wird, ohne daß die Eier in tieferem Wasser liegen. Aus dem Gesagten geht hervor, daß die chemischen und physikalischen Eigenschaften des Wassers von der größten Wichtigkeit für das Gedeihen und die normale Entwicklung der Forelleneier sind. Das Wasser, welches einen Brutapparat speist, soll rein sein. Quellwasser des Gebirges ist in der Regel sehr rein und vorzüglich für die gedachten Zwecke geeignet. Wasser, welches längere Zeit in Laubwald dahinfloß, nimmt von dem im Bachbett liegenden und vermodernden Blättern große Menge organischer Substanz mit, die sich in den engen Maschen des Gitterbodens im Bruttrog absetzt und auch die Eier in einer dicken Schicht überlagert. In anderen Fällen wurden feinste Sandteilchen oder tonige Bestandteile mitgerissen, wenn auch so wenig, daß sie nicht das Wasser trüben, aber doch eine für den Gesundheitszustand der Forelleneier in Betracht kommenden Faktor darstellen.

Sie müssen daher von den Eiern ferngehalten werden. Dies geschieht dadurch, daß man das Wasser, bevor es in den Brutkasten eintritt, durch Filter leitet. Derartige Filter bestehen im allgemeinen aus zwei nahe am Boden miteinander kommunizierenden Gefäßen; in das eine wird das Wasser eingeleitet, dem andern entströmt es gereinigt. Beide Gefäße — am einfachsten Fässer oder wasserdichte Kasten — besitzen über dem Boden je einen Rost, auf welchem der Filter liegt. Dieser ist eine mehr oder minder dichte Schicht aus Steinen, Schwammschnitzeln oder Holzwolle. Alle drei Filter bewähren sich gut, je nach der Art der Wasserverunreinigung ist das eine oder andere Material zu wählen. Unter Umständen ist man gezwungen, das Wasser dann noch durch ganz dichte Flanellfilter zu schicken. Da es auf die Reinheit des Wassers besonders ankommt, ist nicht dringend genug anzuraten, Forellenzuchtanstalten nur da zu bauen, wo hinreichend reines Wasser zur Verfügung steht.

Die in dem Bruttrog untergebrachten Eier, welche am vorteilhaftesten nicht übereinander, sondern nur in einer Schicht nebeneinander lagern, sind in der ersten Zeit ihrer embryonalen Entwicklung sehr empfindlich; man soll daher den Bruttrog nicht anstoßen, und die Eier selbst nicht berühren. Erst wenn man durch die Eierschale die schwarzen Augen des Embryos erkennt, sind die Eier so widerstandsfähig, daß man sie abwaschen und wenn nötig auch den Bruttrog reinigen kann. Die inzwischen abgestorbenen Eier werden täglich mit einem Glasheber oder einer Pinzette ausgelesen. Ebenso entfernt man die Eihäute, welche die ausschlüpfenden Fischchen abstreifen.

Je nach der Temperatur des Wassers geschieht das Ausschlüpfen früher oder später, bei einer Temperatur des Brutwassers

von 2° C in etwa 170 Tagen,
„ 8° C „ „ 70 „
„ 10° C „ „ 40 „

nach der Befruchtung, während die Augenpunkte im Wasser

von 2° C nach etwa 75 Tagen,
„ 5° C „ „ 50 „
„ 10° C „ „ 26 „

sichtbar geworden waren.

Die jungen Fischchen tragen an der Bauchseite eine noch mit den reichlichen Resten des Eidotters gefüllten Sack, die Dotterblase, mit sich, deren Inhalt sie ruhig auf dem Boden des Brutapparates, anfangs auf der Seite später auf dem Bauche liegend, verbrauchen. In dieser Zeit wachsen sie merklich heran und werden fähig, im Wasser schwimmende Nahrung zu haschen.

Jetzt ist es Zeit, die Forellen aus dem Bruthaus in die Aufzuchtgräben oder in den Oberlauf eines Baches auszusetzen, wo sie die ihnen passende Nahrung in genügender Menge finden werden.

Schwierig ist die Fütterung junger Forellen. Das Futter, welches man ihnen in der ersten Zeit darreicht, besteht aus Schweinsleber, Gehirn von Schlachttieren, Käsequark sehr fein zerkleinert und in tadellos frischem Zustand.

Vor allem ist darauf zu achten, daß die zu Boden gefallenen, von den Fischchen nun nicht mehr genommenen Teilchen nicht in Fäulnis übergehen und hierdurch Krankheiten verursachen, welchen oft große Mengen junger Salmoniden zum Opfer fallen, sei es, daß sie den für die Fischchen so notwendigen Sauerstoff des Wassers verbrauchen, sei es, daß sich aus ihnen krankheitserregende Spaltpilze entwickeln. Andere Krankheiten der jungen Forellen sind die Dotterblasen-Wassersucht, sowie eine Verpilzung hervorgerufen durch die in allen Wassern vorhandenen Saprolegnien.

Häufig findet man unter der Brut mißgebildete Individuen, Zwillinge, Fischchen mit zwei Köpfen oder zwei Schwänzen, solche mit gekrümmtem Rücken u. dgl.

Die ins Freie ausgesetzten Forellen wissen in diesem bald die reichlich vorhandene natürliche Nahrung zu finden; in Teichen können sie mit natürlichen und künstlichen Futtermitteln gefüttert werden. Erstere sind etwa Schnecken, Frösche, Würmer, Raupen, Kaulquappen und Fliegenmaden; die letzteren werden in einem über dem Wasser aufgestellten einfachen Apparat erzeugt, welcher faulende tierische und pflanzliche Stoffe enthält, um hier die Fliegen zur Ablage der Eier veranlassen. Die erwachsenen Maden fallen aus dem Apparat ins Wasser.

Künstliche Futtermittel sind Fleischmehl, zerkleinerte Seefische (Truttat), Fischrogen und Schlachthofabfälle; bei letzteren ist allerdings Vorsicht anzuraten, da nur gesunde Abfälle und nicht sehniges Material verfüttert werden dürfen.

Die Teiche, in welchen man Forellen unterbringt, sind nach denselben Grundsätzen gebaut, wie die Karpfenteiche. Sie müssen strömendes, reines Wasser enthalten, keinen Überschwemmungen ausgesetzt sein und schwanken in ihrer Größe und Tiefe. Die Brutteiche seien lang und schmal, ein Mittelding zwischen Bach und Teich, etwa 30 cm tief, womöglich am Ufer mit Brunnenkressen bewachsen. Die Streckteiche, sowie die Abwachsteiche können 0,75 bis 1 m tief sein, die Winterteiche noch tiefer, bis zu 2 m.

Der Mönch, noch mehr der Teicheinfluß, muß mit einem passenden Gitterverschluß versehen sein, da die Forelle gerne dem starken Wasserstrom folgt.

Der Besatz der Teiche richtet sich nach deren Nährkraft und dem zu erwartenden Gewicht der Fische. Ist erstere 50 kg, d. h., wird der Jahreszuwachs der Fische 50 kg betragen, und sollen Fische von 200 gr Gewicht erzielt werden, so können 50 000 : 200 = 250 Forellen eingesetzt werden. Man rechnet, daß ein guter Brutteich je 1 ar 1000 Stück Brut aufnehmen könne.

Das Abfischen der Forellenteiche verlangt viel mehr Sorgfalt als jenes der Karpfenteiche, weil die Forelle außerordentlich empfindlich ist gegen jede Verunreinigung und Trübung des Wassers durch aufgerührten Schlamm und gegen derbe Behandlung. Langsames Ablassen, schonende Behandlung, sofortiges Übertragen in frisches Wasser, wenn nötig Erneuerung desselben oder wenigstens Sauerstoffbereicherung durch Umgießen sind die unerläßlichen Maßregeln. Dazu kommt ein weit geringerer Besatz der Fässer als beim Versandt von Karpfen.

Zweisömmerige Bachforellen sollen $^1/_6$—$^1/_2$ Pfund wiegen, dreisömmerige $^1/_4$—1 Pfund schwer sein.

Nahe verwandt mit der Bachforelle ist die aus dem westlichen Nordamerika stammende Regenbogenforelle, Salmo irideus Gibb. Ihr Rücken ist blaugrau mit zahlreichen kleinen, dunklen Flecken, die sich auch auf Rücken- und Schwanzflosse finden. Längs den Seitenlinien verläuft ein rötliches, in den Regenbogenfarben schillerndes, verwaschenes Band.

Sie erreicht eine Länge von 30—50 cm. Wesentlich unterscheidet sie sich von der Bachforelle durch ihren Aufenthalt und ihre Laichzeit.

Sie bewohnt nämlich nicht die früher charakterisierte Forellenregion, sondern die mittleren und unteren Flußläufe und laicht nicht im Herbst, sondern im Frühjahr, je nach der Wassertemperatur vom Januar bis zum Mai.

Wie die Bachforelle, wird sie künstlich erzogen, verschwindet aber aus den Bächen, in welchen man sie auszusetzen pflegt, bald, weil sie sich mit zunehmendem Alter in abwärts gelegenen Teilen der Wasserläufe ihr zusagende Heimstätten auswählt. Da sie bedeutend raschwüchsiger ist, als unsere Forelle, und auch in wärmerem Wasser vorzüglich gedeiht, kann man sie in wärmeren Teichen halten, unter Umständen sogar als Beisatzfisch in Karpfenteichen, wie bereits früher erwähnt wurde.

4. Aquarienfische.

Aquarien und Terrarien sind Vorrichtungen, um Wasser-, bezw. kleinere Landtiere längere Zeit am Leben zu erhalten und zu beobachten.

Da dies nur in einer der Natur nachgeahmten Umgebung geschehen kann, finden wir — wie es bei größeren Aquarien Regel ist — neben Tieren auch Pflanzen in diesen Behältnissen.

Das einfachste Aquarium ist die bekannte Glasglocke mit Goldfischen.

Von Seewasseraquarien, wie sie in zahlreichen Städten eingerichtet sind, um die Lebewesen des Meeres dem Beschauer vor Augen zu führen, soll hier abgesehen werden.

Die Süßwasseraquarien sind in der Regel mehr oder minder große Kasten mit Glaswänden, in welchen die verschiedensten Wasserbewohner zu wissenschaftlicher Beobachtung oder aus Liebhaberei gehalten werden.

Für das Wohlbefinden der Insassen muß peinlichst gesorgt werden, durch regelmäßige, wiederkehrende, vielleicht stetige Erneuerung des Wassers, durch passende Auswahl der zu gemeinschaftlichem Leben auf engem Raum gezwungenen Tiere und Pflanzen; sowie durch von Zeit zu Zeit wiederkehrende gründliche Reinigung.

Der zuerst in Aquarien gehaltene Fisch war der Goldfisch, Carassius auratus, eine schon vor Jahrhunderten in China gezüchtete Varietät der auch in Deutschland gemeinen Karausche.

Wohl ums Jahr 1611 wurde er durch die Portugiesen

nach Europa gebracht, aber erst seit 1750 wurde er allgemeiner beliebt, sehr begehrt und teuer bezahlt, ja noch in den Jahren 1870—1880 wurden aus Deutschland große Mengen ausgeführt, und das Tausend ausgefärbter Fische mit 250 bis 300 Mark bezahlt. Als aber die Italiener anfingen, sehr billig große Massen dieser Fische auf den Markt zu bringen, sank der Preis sehr rasch, so daß die Goldfischzucht nur als Nebenzweig in einzelnen Anstalten betrieben wird.

Der Goldfisch gehört als Karausche zu den karpfenartigen Fischen und gleicht diesen bezüglich der Art und Zeit seiner Fortpflanzung, welche keine besonderen Schwierigkeiten bietet.

Die Jungen sind anfangs silbergrau, später dunkler, beginnen im zweiten Sommer sich umzufärben und erscheinen im dritten Lebensjahr in ihrem Prachtkleide.

Durch künstliche Zuchtwahl hat man die im fernen Ostasien bereits vor 1000 Jahren bekannten Form- und Farbvarietäten des Goldfisches auch in Europa weiter gezüchtet und ausgebildet; weniger bekannt und beliebt sind die chinesischen rotflossigen oder blauen oder schwarzen Spielarten, als vielmehr die japanischen, welche sich durch absonderliche Gestalt, zumal starke Vergrößerung der Schwanzflosse, Fehlen der Rückenflosse oder stark hervortretende Augen auszeichnen und als Fächer- und Schleierschwänze und Teleskopfische bekannt sind.

Aus Amerika stammen kleine, ebenfalls schön gefärbte barschartige Fische, welche sich durch ihre Brutpflege auszeichnen, Nester bauen und Laich wie auch die Brut bewachen. Es sind die Sonnenfische, denen freilich ein größeres Aquarium zur Verfügung stehen muß, wenn sie uns durch ihre interessante Tätigkeit beim Auswühlen, Reinhalten und Bewachen der fast ½ m Durchmesser haltenden schüsselförmigen Nestgrube erfreuen sollen. Es würde zu weit führen, auch nur einen Teil der fremdländischen Zierfische an dieser Stelle zu nennen.

Auch einheimische Fischarten eignen sich vorzüglich zur Haltung in Aquarien, abgesehen von den wie der Goldfisch durch rotgelbe Farbe ausgezeichneten Goldorfen, können viele unserer Süßwasserfische, zumal in ihrer Jugend, leicht und bequem in Aquarien längere Zeit leben, so der Aal. Auch die meerbewohnenden Schollen sind in Aquarien gehalten worden, was uns nicht Wunder nehmen muß, wenn wir bedenken, daß diese Plattfische freiwillig und gern in das Brack- und Süßwasser gehen.

Nur als Alleinbewohner eines Aquariums ist die kampfsüchtige Stichling zu gebrauchen, dagegen halten sich Rotauge, Schlammbeißer, Schmerle recht gut in der Gefangenschaft; den Amocoetes, die Larve des Bachneunauges, habe ich längere Zeit in vielen Exemplaren gehalten. Auch der Bitterling ist ein dankbarer Aquarienfisch, dessen Weibchen mit Hilfe einer langen Legeröhre seine Eier in die Kiemenhöhle der Flußmuschel ablegt, wo sie im Körper dieses Tieres einer vorzüglichen Brutpflege teilhaftig werden.

Der Aquarienliebhaber muß durch mancherlei Maßregel für das Wohl seiner Fische sorgen.

In größeren Aquarien ist die Anwesenheit von Pflanzen geradezu geboten. Als Aquarienpflanzen werden empfohlen:

Hornblatt, Ceratophyllum demersum,
Pfeilkraut, Sagittaria natans,
Wasserpest, Anocharis canadensis,
Laichkraut, Potamogeton etwa pusillus und crispus.

In jedem Aquarium wird sich sehr bald an den Glaswänden ein grüner Belag zeigen, der durch Abreiben entfernt werden kann. Er besteht aus kleinen Algen, welche häufig jeden Einblick wehren.

Wasserbewohnende Schnecken aus den Gattungen Limnaea und Planorbis verhindern die Wucherung der Algen dadurch, daß sie dieselben von den Glasscheiben des Aquariums abweiden.

Auch Kaulquappen, die Larven von Fröschen, Kröten und Tritonen, leisten in dieser Beziehung gute Dienste; sie verzehren auch etwa von den Fischen verschmähte Futterreste und sind deshalb sehr als Beisatz im Aquarium zu empfehlen.

Das den Aquariumfischen gereichte Futter besteht aus getrockneten Insekten, wie Fliegen, Ameiseneiern; auch wird präpariertes Fleisch gereicht. Man gibt einmal täglich und zwar nur so viel, als von den Fischen gleich verzehrt werden kann. Es empfiehlt sich, das Futter stets an derselben Stelle des Aquariums zu reichen; viele benutzen einen schwimmenden Ring, in welchen das leichte, ebenfalls vom Wasser getragene Futter eingestreut wird.

Es liegt der Gedanke sehr nahe, die Lebewesen des Planktons als Fischnahrung auch im Aquarium zu verwenden. Diese würden jedoch in demselben bald absterben, in Verwesung und Fäulnis übergehen, hierbei nicht nur den Sauerstoff des Wassers verbrauchen, sondern unter

Umständen auch direkt schädliche und giftige Zersetzungsprodukte liefern.

Besondere Sorgfalt bedingt die Erneuerung des Wassers, welche reichlich und häufig geschehe, wobei nie das gesamte Wasser weggenommen und durch neues ersetzt werde, sondern stets ein Teil, etwa die Hälfte, zurückbleibe, um durch Mischung mit dem frischen Wasser einen allmähligen Temperaturausgleich herbeizuführen. Wenige Zeit später kann abermals die Hälfte des Aquariumwassers erneuert werden.

Dies geschieht am besten mit Hilfe von Hebern, welche richtig geführt, zu Boden gesunkene, der Fäulnis ausgesetzte Reste aufsaugen.

Für Durchlüftung der Aquarien zum Zwecke der Sauerstoffanreicherung für Heizung derselben, um aus den Tropen stammende Fische zu beherbergen, hat man sinnreiche Einrichtungen getroffen.

Obgleich der Aquarienliebhaber bereits über eine nicht geringe Zahl exotischer Zierfische verfügt, so ist doch das Bestreben, immer neue Arten einzuführen, sehr groß.

Der Import fremdländischer Fische bietet gewisse Schwierigkeiten, die nicht nur auf der langen Seereise entstehen, sondern vornehmlich in der Empfindlichkeit der Tiere gegen den einen schroffen und großen Wechsel der Existenzbedingungen zu suchen sind.

Allein ein passendes Plätzchen auf dem Schiff zu finden, ist nicht leicht.

Die festen, mit Durchlüftungsapparat versehenen Transportkannen müssen auf Deck unter einem Segeltuchschirm aufgestellt, bei Kohleneinnahme vor auffallendem

Kohlenstaub sorgfältig geschützt, vor Sturzwellen bewahrt werden.

Die Gefälligkeit des Schiffspersonals wird für eine regelmäßig durchzuführende Erneuerung des Wassers in Anspruch genommen werden müssen. Sind diese Gefahren glücklich überwunden, dann gehen oft genug die Fische später ein, bevor sie sich vermehrt und den Grund zu dem in Europa weiter zu züchtenden Stamm gelegt haben. So erklärt sich die enorme Höhe der Preise, welche von den Züchtern exotischer Zierfische gefordert und von den Liebhabern bezahlt werden.

Register.

Aal 24, 27, 64, 117.
Aalfang 43.
Aalleiter 73.
Ablassen 83.
Abwachsteich 117.
Abwässer 67.
Acipenser 39.
Adjacentenfischerei 62.
Aland 24.
Alburnus 35.
Altersbestimmung 97.
Amphibien 8.
Angeln 43, 46.
Anguilla 117.
Anocharis 139.
Aquarien 136.
Argulus 55.
Äsche 24, 33, 70.
Aufsicht 66.
Auster 9, 21.

Bach 13.
Barbe 24, 25.
Bachforelle 24, 25, 26, 120, 135.
Bachneunauge 24.
Barsch 23, 25, 27, 35.
Bauchweichflosser 24.
Befruchtung künstliche 126, 128.
Besatzstärke 101.
Betäubungsmittel 66.
Bitterling 24.
Blaufelchen 24.
Blei 24, 33, 57.
Bothryocephalus 55.
Brackwasser 11.
Brutteich 107.
Brutstreckteich 100.
Bruttrog 130.

Carassius 136.
Ceratophyllum 139.
Chagrinleder 33.
Chlor 67, 69.
Cottus 125.
Cyprinus 75, 91.

Damen 78.
Dieb 46, 66.
Dorfteich 103.
Dorsch 34.
Dünger 34.

Eisenverbindungen 67, 69.
Eisvogel 53.
Ellritze 24, 25.
Ergasilus 55.
Esox 109.

Fanggeräte 23.
Fangverbot 65.
Fauna 10.
Feldteich 12.
Fischegel 54.
Fischbrot 34.
Fischbrut 74.
Fischbruthaus 128.
Fischereiaufseher 67.
Fischereiberechtigung 62.
Fischereigenossenschaft 63.
Fischereipächter 62.
Fischereischein 66.
Fischkäse 32.
Fischguano 34.
Fischleim 37.
Fischmehl 34.
Fischöl 35.
Fischotter 53.
Fischpaß 73.
Fischreiher 53.
Fischtran 35.
Fischzucht 73.
Fischzuchtanstalt 127.
Fliegen 45.
Flügelreusen 43, 46.
Flunder 24, 26.
Flußteich 79.
Forelle 28, 62, 70, 111, 122.
Frosch 44, 53.
Fütterung 106.
Futtermittel 133.

Garn 40.
Gebirgssee 12.
Geschwindigkeit 15.
Gewässerkunde 18.
Gift 66.
Goldfisch 136.
Gründling 24, 25.
Grundwasser 16.
Güster 24, 25.

Haff 11.
Hamen 46.
Hausenblase 37, 39.
Hauterkrankungen 59.
Haifisch 33, 35.
Hecht 24, 28, 33, 46, 56, 108.
Hering 35.
Himmelsteich 78.
Hornblatt 139.
Huchen 24.

Jacobi 126.
Ichtyophthirius 59.
Iltis 53.
Import 32.
Individualschonzeit 64.
Industrie 67.
Infusorien 59.
Innungen 20.
Insekten 44.

Kanal 13.
Karausche 24, 25, 28, 33.
Karpfen 24, 25, 33.
Karpfenlaus 55.
Karpfenwirtschaft 91.
Karpfenzucht 99.
Kaulbarsch 23, 25.
Kaulkopf 23, 25, 125.
Kaulquappen 139.
Kaviar 32, 33.
Kescher 42.
Kilch 24.
Kiemennetze 41.

Kleintierfresser 28.
Knötchenkrankheit 59.
Köcherfliegenlarven 44.
Kockelskörner 66.
Köder 44, 36.
Konservierung 32.
Koppelfischerei 62.
Kormoran 53.
Krebs 21, 44.
Küchenfischerei 62.

Lachs 24, 27, 42, 70.
Laichplätze 20, 66.
Laichteich 100.
Lebertran 35.
Leptoceptalus 119.
Ligula 56.
Lota 125.
Lucioperca 112.
Lupine 106.

Maifisch 24, 27.
Mairenke 24
Maräne 24, 26.
Marktverbot 63, 65.
Maschenweite 65.
Meerforelle 24.
Meliorationsarbeit 106.
Miesmuschel 9.
Mindestmaß 63.
Moderlieschen 24.
Mönch 82.
Montée 119.
Moor 16.

Nährkraft 101.
Nahrungsvorrat 87.
Nepa 54.
Netze 31, 40, 65.
Neunauge 24.
Notonecta 54.
Nörz 53.

Pächter 62.
Pegel 14.
Penella 55.
Perlen 21, 36.
Pfeilkraut 139.
Piscicola 54.
Plankton 10, 89.
Plötze 24, 26, 27, 57.

Potamogeton 139.
Pritzstabel 67.
Produktivität 87.

Quappe 24, 25, 56, 125.
Quellwasser 20.

Rapfen 24.
Raubfische 28, 55.
Regenbogenforelle 135.
Regenwurm 44.
Regionen 25.
Reichsfischereigesetz 61.
Reliktensee 18.
Reusen 42, 46.
Riemenwurm 56.
Ringelnatter 54.
Roßegel 54.
Rotauge 25.
Rotfeder 24.
Rundmäuler 24.

Säger 53.
Sagittaria 139.
Saibling 24.
Salmo 75, 120, 135.
Saprolegnia 57.
Schellfisch 34, 35.
Schistocephalus 57.
Schlammbeißer 24, 138.
Schlei 24, 25, 27, 70, 115.
Schleierschwanz 137.
Schleuse 13.
Schmarotzerkrebse 55.
Schmerle 24, 25, 138.
Schnäpel 24.
Schonzeiten 64.
Schuppen 35.
See 16, 17.
Seeforelle 24, 65.
Selbstreinigung 71.
Sonnenfisch 137.
Spinnfischerei 45.
Sportfischerei 29.
Sprock 44.
Staaknetz 103.
Staatsaufsicht 63.
Staubretter 83.
Stehendes Gewässer 16.
Sterlet 24, 37, 39.
Stichling 23, 26, 57, 138.

Stint 24, 26.
Stör 24, 33, 37, 38.
Stralauer Fischzug 48.
Streckteich 107.
Strom 13, 14.
Stromregulierung 72.
Süßwasseraquarien 136.
Süßwasserfische 73.
Süßwasserfischerei 22.

Taucher 53.
Temperatur 11.
Teich 17, 77, 107.
Teichverschluß 82.
Teleskopfisch 137.
Terrarien 136.
Thunfisch 33, 35.
Tinca 115.
Torfstich 16.
Transport 31.

Überwinterungsteich 107.
Uferfauna 28, 54.
Ukelei 24, 35.
Untergrundstrom 16.
Unterlauf 14.

Verpächter 62.
Versandt 21, 31.

Wanderfische 27.
Waldteich 12.
Wasser 16, 140.
Wasserfrage 19.
Wasserpest 39.
Wasserscheide 13.
Wasserspitzmaus 53.
Wasserwanze 54.
Weißfisch 24, 35.
Wels 24, 25.
Wildgerinne 79.
Wind 11.
Winterlaicher 125.
Winterschonzeit 64.
Witterung 46.
Wurfnetz 42.

Zander 23, 25, 28, 33, 63, 112, 113
Zugnetz 41, 46.

Kolibri 360 GmbH
Ferdinand-Jühlke-Straße 7
99095 Erfurt, Deutschland
produktsicherheit@kolibri360.de